王雲路注譯

新譯吳子讀本

三民書局印行

國立中央圖書館出版品預行編目資料

新譯吳子讀本／王雲路注譯．--初版．
--臺北市：三民，民85
面；　公分．--(古籍今注新譯叢書)
ISBN 957-14-2226-6（精裝）
ISBN 957-14-2227-4（平裝）

1. 吳子—註釋

592.093　　84013730

© 新譯吳子讀本

注譯者　王雲路
發行人　劉振强
著作財產權人　三民書局股份有限公司
　臺北市復興北路三八六號
發行所　三民書局股份有限公司
　地址／臺北市復興北路三八六號
　郵撥／〇〇〇九九九八－五號
印刷所　三民書局股份有限公司
門市部　復北店／臺北市復興北路三八六號
　重南店／臺北市重慶南路一段六十一號
初版　中華民國八十五年二月
編號　S 03105①
基本定價　叁元陸角
行政院新聞局登記證局版臺業字第〇二〇〇號

ISBN 957-14-2226-6（精裝）

刊印古籍今注新譯叢書緣起

劉振強

人類歷史發展，每至偏執一端，往而不返的關頭，總有一股新興的反本運動繼起，要求回顧過往的源頭，從中汲取新生的創造力量。孔子所謂的述而不作，溫故知新，以及西方文藝復興所強調的再生精神，都體現了創造源頭這股日新不竭的力量。古典之所以重要，古籍之所以不可不讀，正在這層尋本與啟示的意義上。處於現代世界而倡言讀古書，並不是迷信傳統，更不是故步自封；而是當我們愈懂得聆聽來自根源的聲音，我們就愈懂得如何向歷史追問，也就愈能夠清醒正對當世的苦厄。要擴大心量，冥契古今心靈，會通宇宙精神，不能不由學會讀古書這一層根本的工夫做起。

基於這樣的想法，本局自草創以來，即懷著注譯傳統重要典籍的理想，由第一部的四書做起，希望藉由文字障礙的掃除，幫助有心的讀者，打開禁錮於古老話語中的豐沛寶藏。我們工作的原則是「兼取諸家，直注明解」。一方面熔鑄眾說，擇善而從；一方面也力求明白可喻，達到學術普及化的要求。叢書自陸續出刊以來，頗受各界的喜愛，使我們得到很大的鼓勵，也有信心繼續推廣這項工作。隨著海峽兩岸的交流，我們注譯的成員，也由臺灣各大學的教授，擴及大陸各有專長的學者。陣容的充實，使我們有更多的資源，整理更多樣化的古籍。兼採經、史、子、集四部的要典，重拾對通才器識的重視，將是我們進一步工作的目標。

古籍的注譯，固然是一件繁難的工作，但其實也只是整個工作的開端而已，最後的完成與意義的賦予，全賴讀者的閱讀與自得自證。我們期望這項工作能有助於為世界文化的未來匯流，注入一股源頭活水；也希望各界博雅君子不吝指正，讓我們的步伐能夠更堅穩地走下去。

新譯吳子讀本 目次

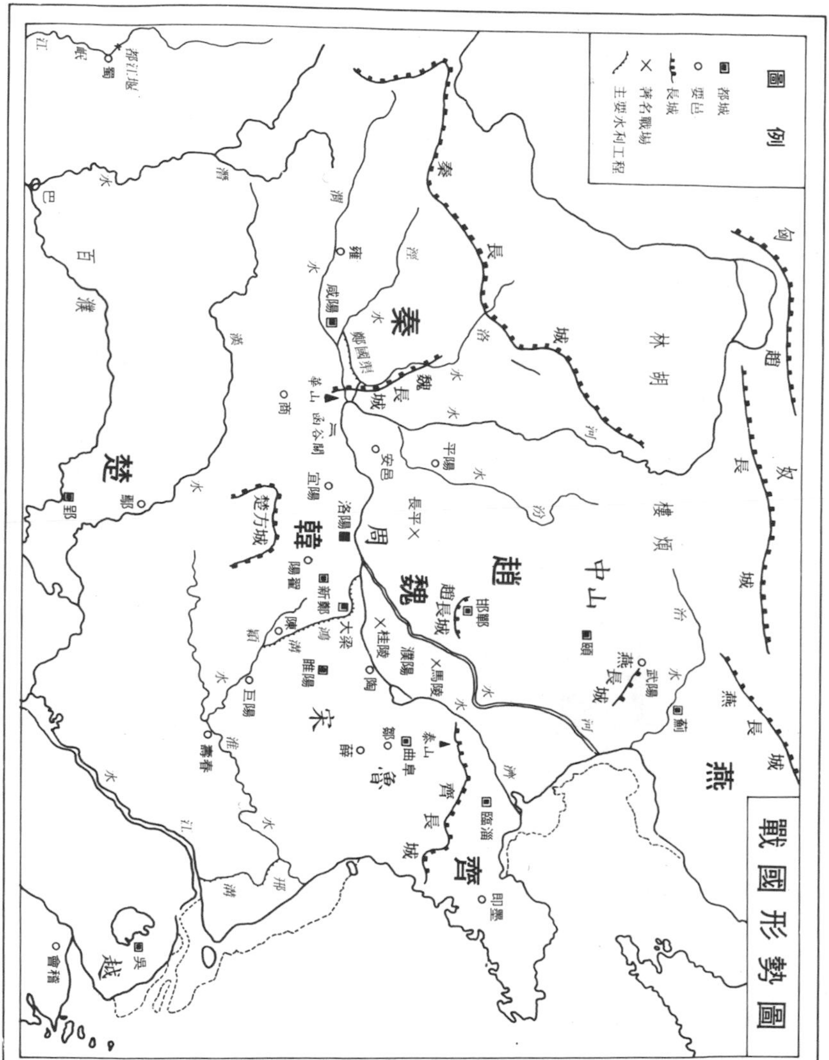

圖一　戰國時代形勢國（〈料敵〉）

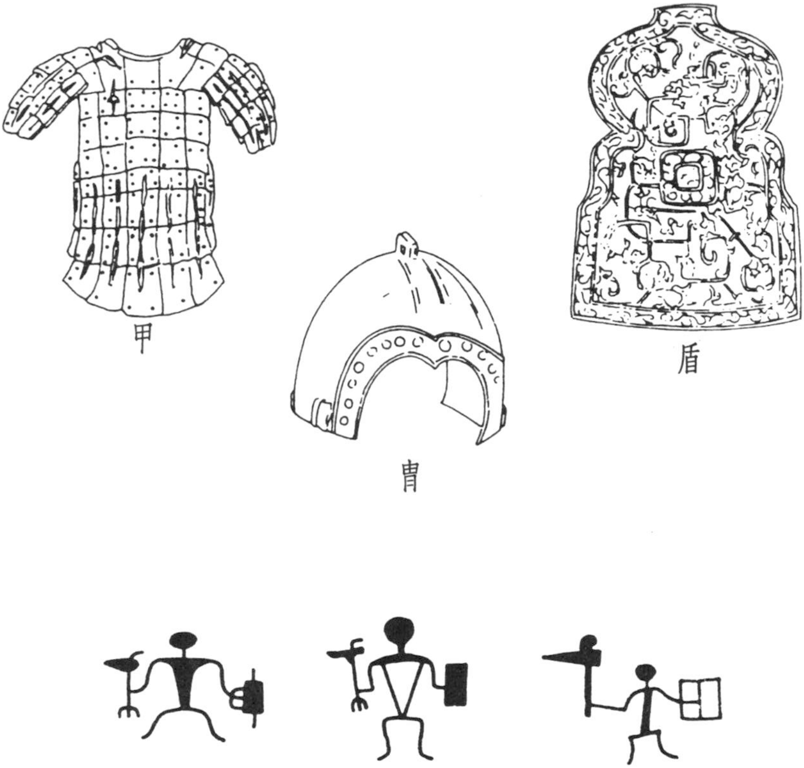

圖二　東周戰士防護具：甲、胄、盾

圖中的盾呈雙弧形，是依人體輪廓而設計。

圖下是金文中左手持盾，右手持戈的圖形。

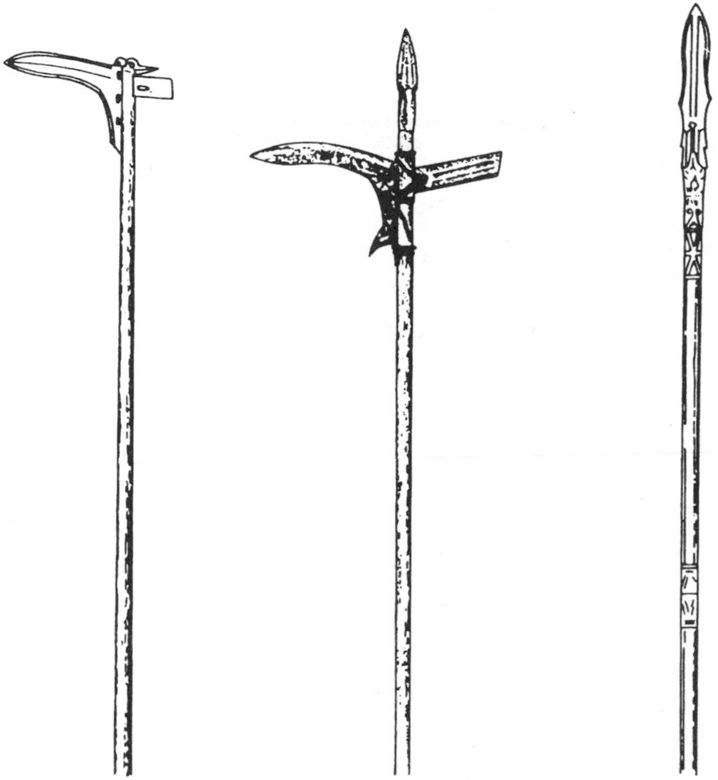

圖三　東周戰士的長兵器：戈、戟、矛

戈原本作啄兵使用，隨著車戰的流行，勾殺的功能特別受重視，所以周代的戈多有弧形的長胡。

戟則是結合戈矛兩種形制的新兵器，也逐漸取代戈在兵器上的重要地位。

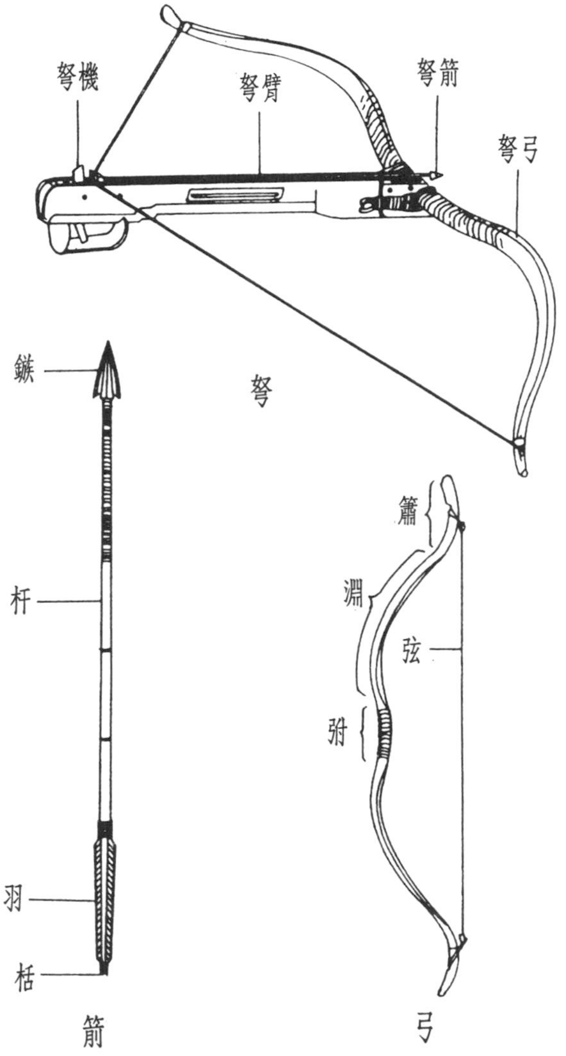

圖四　遠射兵器：弓、弩、箭

弓箭起源很早，原本為狩獵用的生產工具。春秋晚期，隨著步兵的興起，命中率高，射程遠的弩取代弓成為主要的遠射器。

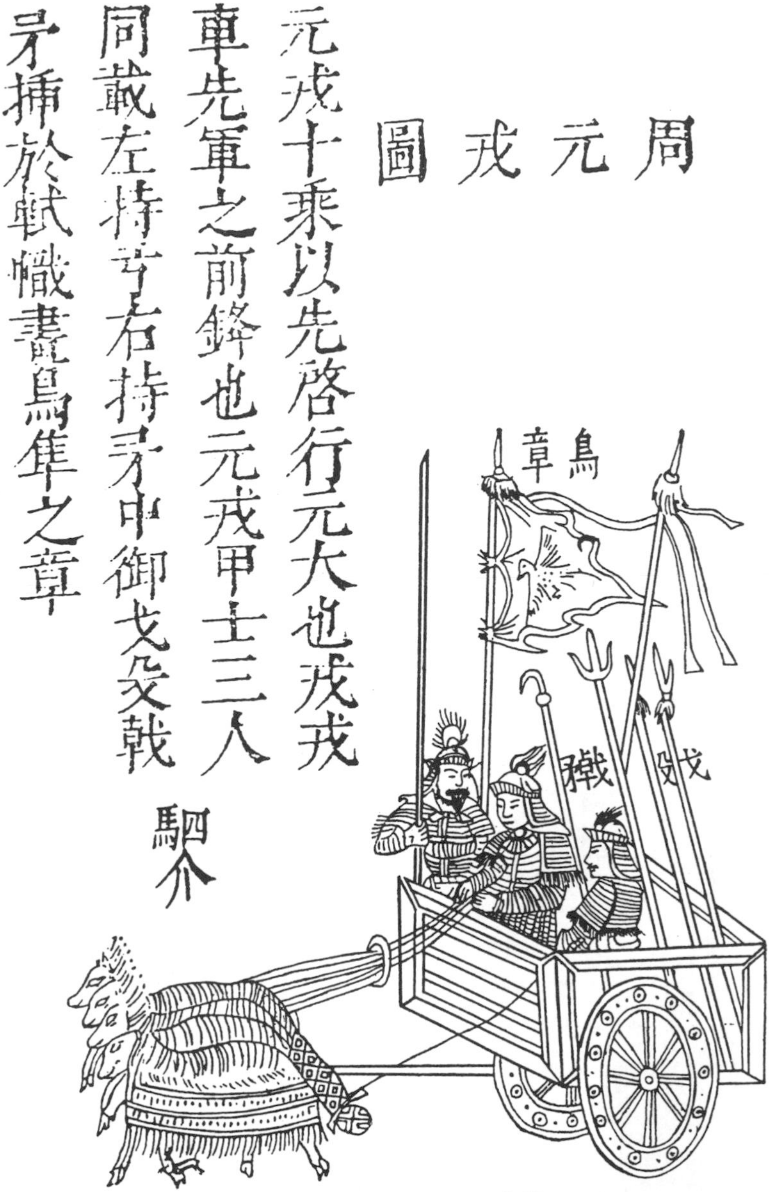
周元戎圖
元戎十乘以先啓行元大也戎戎
車先軍之前鋒也元戎甲士三人
同載左持弓右持矛中御戈殳戟
矛插於軾幟畫鳥隼之章
鳥章
幟
戈
駟介

圖五　周代兵車（採自《三才圖會》）

春秋戰國時代的戰車，一車經常有武士三名。御者居中，車左持弓弩遠射，車右持戈戟近戰。如果是指揮車，國君或將帥常居車左之位。

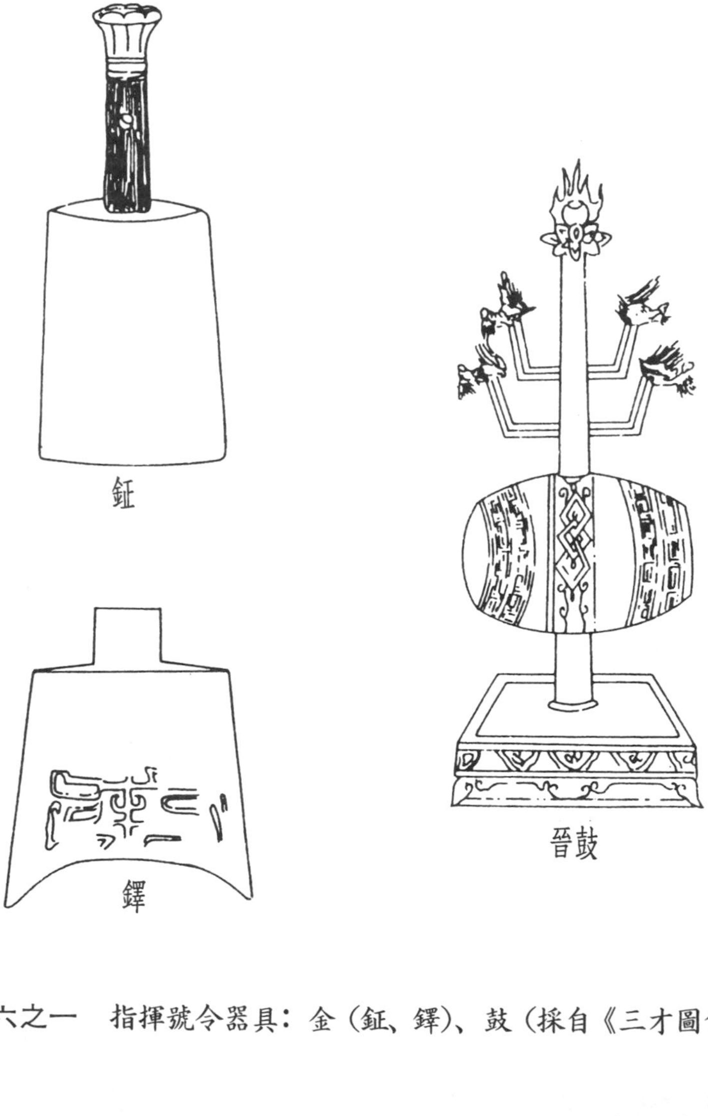

圖六之一　指揮號令器具：金（鉦、鐸）、鼓（採自《三才圖會》）

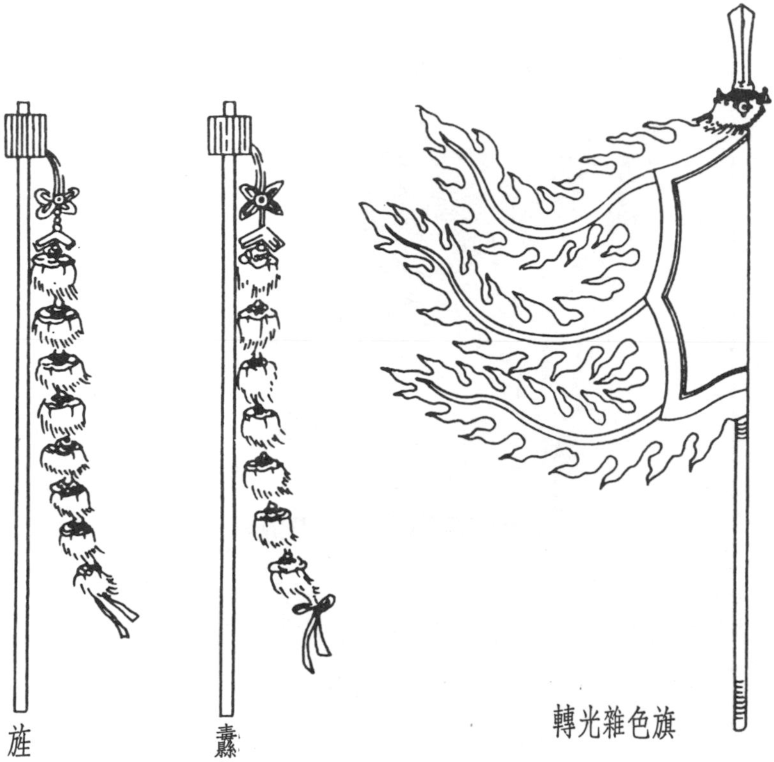

圖六之二　指揮號令器具：旌（採自《三才圖會》）、旗（採自《武經總要》）

圖七之一　四象旗：青龍旗（《吳子・治兵》）

圖七之二　四象旗：白虎旗（《吳子・治兵》）

圖七之三　四象旗：朱雀旗（《吳子・治兵》）

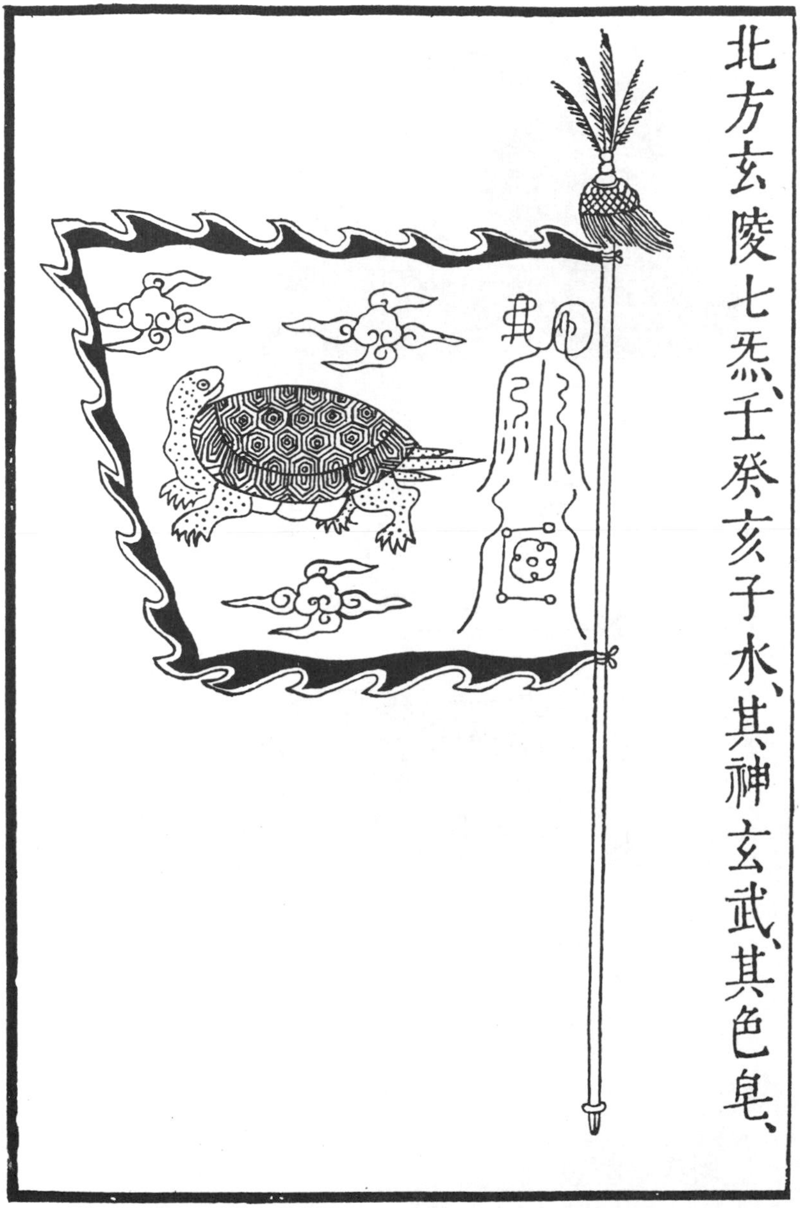

圖七之四　四象旗：玄武旗（《吳子・治兵》）

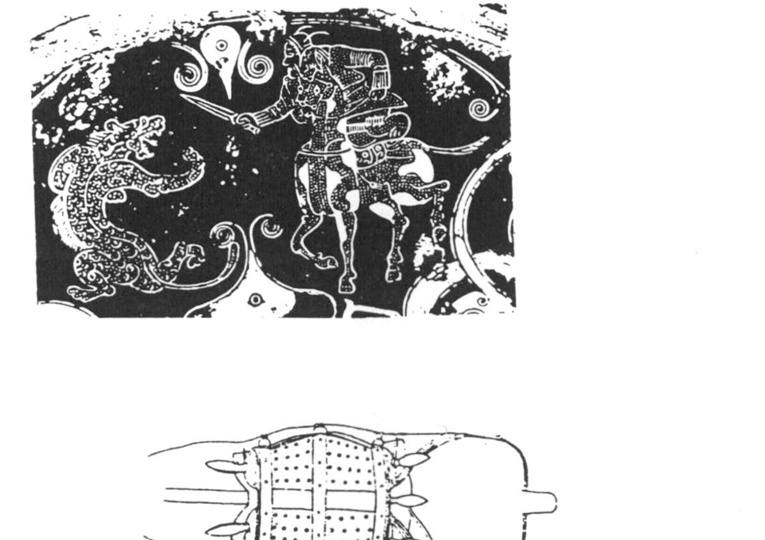

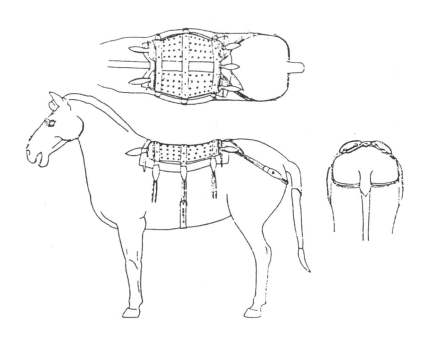

圖八　騎兵騎具

上圖傳出土於洛陽金村銅鏡上的戰國騎兵像。

下圖秦俑二號坑的馬和馬具。

導讀

王雲路

《吳子》相傳為戰國時吳起所著。《韓非子・五蠹篇》曰：「境內皆言兵，藏孫、吳之書者家有之。」《史記・孫子吳起列傳》：「世俗所稱師旅，皆道《孫子》十三篇、《吳起兵法》，世多有。」可見《吳子》一書自古即與孫武兵法齊名，早在戰國末就已流行民間。《漢書・藝文志》記載《吳子》共有四十八篇，《隋書・經籍志》記為一卷，宋晁公武《郡齋讀書志》則記為三卷。現存《吳子》祇有六篇，即〈圖國〉、〈料敵〉、〈治兵〉、〈論將〉、〈應變〉、〈勵士〉。可見《吳子》在流傳過程中大部分亡佚了。

《吳子》一書的作者是誰，歷來是個有爭議的問題。有人認為作者是吳起；有人認為是吳起的門人或幕僚筆錄而成；有人認為是戰國時人掇拾成編的；清代以來有人認為是後人偽托或雜抄而成的。要完全弄清這個問題絕非易事，這裏僅談幾點看法。

第一，《吳子》的作者當是吳起。吳起（？～前三八一年），衛國人，是戰國時期著名的軍事家。初任魯將，大破齊軍。繼任魏將，「擊秦，拔五城」，戰功卓著，被魏文侯任命為西河守，吳起在西河二十三年，整軍備武，使魏國成為當時一個強大的諸侯國。魏文侯死後，吳起受到舊貴族的排擠離間，被迫來到楚國，楚悼王重用吳起為令尹，吳起「明法審令，捐不急之官，廢公族疏遠者，以撫養戰鬥之士。」「于是南平百越，北併陳蔡，卻三晉，西伐秦。」使楚國又成為諸侯國中的強者。西元前三八一年，楚悼王死，「宗室大臣作亂而攻吳起」，吳起被亂箭射殺。《史記》中有〈孫子吳起列傳〉。今本《吳子》中有些內容，與《史記》中的一些記載相吻合。如吳子曾在他的老師曾子（據郭沫若考證，曾子指曾申而不是曾參，見《青銅時代・述吳起》）門下受業，因而得到儒家思想的影響，《吳子》一書在論述治軍時，常涉及「仁」、「義」、「禮」、「教」等儒家學說。《史記》中記載吳起在魏、楚等國進行了一系列改革，「明法審令」、「廢公族疏遠者」等，這與《吳子》主張「以治為勝」、「進有重賞，退有重刑。行之以信」（見〈治兵〉第三）的觀點相一致。《史記》中記載吳起曾與魏武侯有過一則對話：「武侯浮西河而下，中流，顧而謂吳起曰：『美哉乎山河之固，此魏國之寶也！』起對曰：『在德不在險。……若君不修德，舟中之人盡為敵國也。』」這與《吳子・圖國》篇中所論及的道、義、禮、仁「此四德者，脩之則興，廢之則衰」的思想是相通的。《史記》記載：「起之為將，與士卒最下者同衣食。臥不設席，行不騎乘，親裹贏糧，與士卒分勞苦。」《吳子・治兵》篇曰：「與之安危，其眾可合而不可離，可用而不可疲。……名曰父子之兵。」這種愛兵、施恩於士卒的思想在兩書中都得到了充分體現。因而可以說《吳子》是吳起在繼承前人兵法的基礎上，對以往戰爭和他自己戰爭實踐的經驗總結，現存六篇，從其記載的內容看，當是吳起在魏時所著。

第二，今本《吳子》六篇很可能已不是《史記》、《漢書》中所著錄的《吳起兵法》的原貌，把它看作為《吳起兵法》的部分內容是可以的。首先，《吳子》流傳甚廣，歷代人都研讀這部書，並不斷進行加工整理，因而語言較為淺顯易懂；其次，《吳子》中有些內容是他人或後人加上去的。比如〈圖國〉篇記述吳起「與諸侯大戰七十六，全勝六十四，餘則鈞解。闢土四面，拓地千里，皆起之功也。」〈勵士〉篇記述吳起作戰的經過：「先戰一日，吳起令三軍曰：……故戰之日，其令不煩而威震天下。」這些都與對話記錄式的文體有所不同，也不像吳起自書的語氣。因而明人胡應麟曰：「《吳起》或未必起自著，要亦戰國人掇其議論成篇，非後世偽作也。」此亦可為一說。

第三，認為《吳子》是後人偽托的說法根據不很充分。

宋代的一些學者如晁公武、王應麟等都認為《吳子》為吳起所撰，明代的宋濂在《諸子辯》中也明確肯定：「《吳子》二卷，衛人吳起撰。」清代以來的一些學者開始認為《吳子》是偽書，如姚鼐、姚際恒、章太炎以及郭沫若等，茲對其論據作一簡要分析。姚鼐說，魏晉以後才以「笳笛」為軍樂，吳起在其著作中不可能寫出「夜則金鼓笳笛為節」的話。前面已經提到，《吳子》中有後人添加的內容，〈應變〉篇中的「笳笛」應該屬於這類情況。需要指出的是，戰國末或秦漢間成書的《六韜》中已有「夜則火雲萬炬，擊雷鼓，振鼙鐸，吹鳴笳」的描寫，說明「笳」用於軍隊的年代，並不像姚鼐說的那麼晚。姚際恒《古今偽書考》認為《吳子》「其論膚淺，自是擬託。中有『屠城』之語，尤為可惡。」黃雲眉《古今偽書考補正》也有相同的看法。其實，〈圖國〉篇中「有此三千人，內出可以決圍，外入可以屠城矣」的「屠城」，並非屠殺城中百姓之義，而是攻陷敵城之義，不能僅從字面來理解。在〈應變〉一篇中，吳起曰：「凡攻敵圍城之道，城邑既破，各入其宮。御其祿秩，收其器物。軍之所至，無刊其木、發其屋、取其粟、殺其六畜、燔其積聚，示民無殘心。其有請降，許而安之。」這些語句可以為「屠城」一語作注。郭沫若《青銅時代・述吳起》認為：「今存《吳子》實可斷言為偽。以筆調覘之，大率西漢中葉時人之所依托。」如前所述，《吳子》與《孫子兵法》一樣，早在戰國後期就已廣為流傳，兩漢時仍然風行於世，西漢司馬遷在《史記・衛將軍驃騎列傳》中記載說：「天子（指漢武帝）嘗欲教之（指霍去病）孫、吳兵法。」東漢班固在《漢書》中多次提到孫、吳兵法；南朝宋史學家范曄著《後漢書》，在《馮衍列傳上》載錄了馮衍向東漢名將鮑永提出「觀孫、吳之策」，即閱讀孫武、吳起的兵書的建議，可見從戰國以來，一直到東漢，《吳起兵法》不僅沒有失傳，而且還得到了軍事家和有識之士的重視。「西漢中葉時人之所依托」的論斷恐怕難以成立。也有學者如章太炎認為《吳子》為「六朝人偽託」。從三國時人賈詡曾給《吳起兵法》作注以及諸葛亮《後出師表》、《三國志》裴注引王沈《魏書》、《世說新語・識鑒》和《晉書・李玄盛傳》等典籍中記載的兵家學習和運用「孫吳兵法」的大量史實來看，這一說法同樣是值得商榷的。

總之，關於本書的作者問題，還有待作進一步的研究。我們的初步看法是，現存的《吳子》一書源於吳起，但經過了歷代的加工潤色，已非原貌。但不管是誰所著，都是前人留下的寶貴遺產，值得我們學習和繼承。

《吳子》一書中所反映的軍事思想內容很豐富，概括起來有這樣幾點：

一是「內修文德，外治武備」的戰略思想。吳起認為：政治和軍事具有內在聯繫，二者必須結合起來加以考察，不可偏廢。他一方面強調，必須在國家和軍隊內部實現協調和統一時，才能對外用兵，指出國家如有「不和于國」、「不和于軍」等「四不和」時，就不能出兵打仗。另一方面強調必須加強國家的軍事力量，提出要在強大的常備軍的基礎上，組建和訓練一支精悍的能攻善守的骨幹武裝。這就是吳起「文德」與「武備」兼重的戰略指導思想。

二是知己知彼，隨機應變的戰術思想。吳起繼承了孫武的「知己知彼，百戰不殆」的思想，強調通過調查研究，掌握敵情，反對主觀臆斷。在〈料敵〉篇中強調了了解和分析敵情的重要意義，並且具體指出了有八種情況可以毫不遲疑地與敵交戰，而處於六種情況下的國家，則不可輕易與之作戰。吳起強調作戰時將帥必須根據敵情和天時、地利等情況的變化，採取隨機應變的戰略戰術。在〈應變〉篇具體論述了在倉猝遇敵、敵眾我寡、敵據險堅守、敵斷我後路、四面受敵以及敵人突然進犯等情況下的應急方法和取勝的策略。

三是「以治為勝」、「教戒為先」的治軍思想。〈治兵〉、〈論將〉和〈勵士〉三篇主要闡述了吳起的治軍思想。他認為，軍隊能否打勝仗，不完全取決於數量上的優勢，重要的是依靠隊伍的質量，提出了兵「不在寡眾」，「以治為勝」的著名主張。軍隊質量高的標準是：要有能幹的將領，有經過嚴格訓練的兵士，有統一的號令，有嚴明的賞罰。吳起注重選拔「良將」，重視將帥的作用和謀略，強調好的將帥應有優良的品質和作風。他十分重視部隊的軍事訓練，認為這關係到戰爭的勝敗。提出了一套比較完整的訓練方法，以提高實際作戰能力。

《吳子》（《吳起兵法》）早在戰國時期就和《孫子兵法》齊名，在先秦諸兵書特別是《孫子兵法》的基礎上有不少新的發展，是一部較有價值的兵書，對後世影響很大。宋神宗年間，《吳子》被官方列入《武經七書》，頒行武學，為武舉試士者所必讀，頗受重視。現有英、日、法、俄等文字譯本。

這個譯注本的原文，採用《百子全書》（掃葉山房一九一九年石印本）本，並以《續古逸叢書》影印《宋本武經七書》本《吳子》參校，改正個別明顯的錯字。各篇下均重新標點、分段。

圖國第一

【題解】

圖國，就是籌劃治理國家。本篇記述了吳起關於如何治理國家的主張：內修文德，外治武備，兩者必須兼顧，不可偏廢。吳起主張的「內修文德」，就是要做到「必先教百姓而親萬民」，「綏之以道，理之以義，動之以禮，撫之以仁。」即教育官吏用「四德」來引導、管理、動員和安撫民眾。吳起主張的「外治武備」，就是強調要建立一支「內出可以決圍，外入可以屠城」的強大軍隊。這樣，政權才能鞏固。吳起還強調了用人要「使賢者居上，不肖者處下」，要使民眾做到「民安其田宅，親其有司」，使他們都擁戴國君，反對敵國。如此，則「陳必定，守必固，戰必勝」了。

吳起儒服以兵機見魏文侯❶。文侯曰：「寡人❷不好軍旅之事。」起曰：「臣以見❸占隱，以往察來，主君何言與心違？今君四時使斬離皮革❹，掩❺以朱漆，畫以丹青❻，爍❼以犀象。冬日衣之則不溫，夏日衣之則不涼。為長戟❽二丈四尺，短戟一丈二尺。革車❾奄戶，縵輪❿籠轂⓫，觀之于目則不麗，乘之以田⓬則不輕，不識主君安用此也？若以備進戰退守，而不求能用者，譬猶伏雞之搏狸，乳犬之犯虎，雖有鬥心，隨之死矣。昔承桑氏⓭之君，修德廢武，以滅其國。有扈氏⓮之君，恃眾好勇，以喪其社稷⓯。明主鑒茲，必內修文德，外治武備。故當敵而不進，無逮于義矣；僵屍而哀之，無逮于仁矣。」于是文侯身自布席，夫人捧觴⓰，醮⓱吳起于廟，立為大將，守西河⓲。與諸侯大戰七十六，全勝六十四，餘則鈞⓳解。闢土四面，拓地千里，皆起之功也。

【章　旨】

製作衣甲、兵器，以皮革覆護戰車，正是為了對敵作戰。但單靠兵器、戰車來打仗，而不去尋求能夠使用它們的人，則雖有爭鬥之心，仍然會自取滅亡。吳起指出：必須對內修明文德，對外做好戰備，才能保衛國家。魏文侯以禮重用吳起，立為大將，為魏國取得一系列的戰爭勝利。

【注　釋】

❶魏文侯　姬姓，名斯，戰國初期魏國的建立者。西元前四四五至前三九六年在位。

❷寡人　謙詞，古代君王自稱，意思是「寡德之人」。

❸見　同「現」，下同。

❹皮革　是古代製造戰爭器具的重要材料。甲、胄、盾以及革車的防護等，都是用皮革塗漆製造的。
❺掩　遮蓋；塗抹。
❻丹青　指各種顏色。丹即丹砂，用作紅色顏料；青即青雘，用作青色顏料。
❼爍　通「鑠」。熔化金屬，引申為用火烙。
❽戟　將戈、矛合成一體的古代兵器。既能直刺，又能橫擊。長戟長二丈四尺，用於車戰；短戟長一丈二尺，用於步戰。周時一尺相當於現在的19.91公分。
❾革車　兵車。
❿縵輪　沒有花紋的車輪。
⓫籠轂　用皮革包裹著車轂。轂，車輪中間的圓木，其中心有圓孔，用來貫車軸。
⓬田　同「畋」。打獵。
⓭承桑氏　相傳是神農時的一個部落。
⓮有扈氏　相傳是夏禹時的一個部落。
⓯社稷　指國家。社，土神。稷，穀神。古代國家都建立壇廟祭祀這兩種神，遂成為國家的代稱。

⑯觴　盛有酒的酒杯。
⑰醮　古時斟酒敬神或主人向賓客敬酒，不須回敬稱醮。
⑱西河　今陝西東部，在黃河西岸地區。
⑲鈞　同「均」。指不分勝負。

【語譯】

吳起穿著儒生的服裝，以用兵的韜略進見魏文侯。文侯說：「我不喜歡治軍打仗的事。」吳起說：「我憑著表面現象推測您內心的想法，根據過去體察未來，君主您為什麼講的和想的不一致呢？現在您一年四季派人殺獸剝皮，在皮革上塗上紅漆，繪上各種顏色，烙上犀牛和大象的圖案。冬天穿著它不暖和，夏天穿著它不涼爽。製造的長戟長二丈四尺，短戟長一丈二尺。用皮革遮護住戰車的車門，包裹住車輪和車轂，這看上去並不華麗，坐出去打獵也不輕便，不知道君主將派什麼用？如果是用作進攻或退守，但又不尋求能夠使用它們的人，那就好像孵雛的母雞跟野貓搏鬥，哺乳幼犬的母狗進犯老虎，雖然有拼鬥的決心，但隨之而來的就是死亡。從前承桑氏的國君，只講文德，廢弛武備，因而亡國。有扈氏的國君，憑藉人多，習武好戰，喪失了國家。賢明的君主有鑒於此，必須對內修明文德，對外做好戰備。所以說，面對著敵人而不敢進戰，這談不上義；看見陣亡者的屍體而悲傷，這算不了仁。」於是文侯親自設下宴席，夫人捧酒，在祖廟裏宴請吳起，任命他為大將，主持西河的防務。後來，吳起率兵與各國諸侯大戰七十六次，全勝的有六十四次，其餘十二次則不分勝負。魏國向四面開闢疆土，擴張土地上千里，這都是吳起的功勞。

吳子曰：「昔之圖國家者，必先教百姓❶而親萬民。有四不和：不和于國，不可以出軍；不和于軍，不可以出陳❷；不和于陳，不可以進戰；不和于戰，不可以決勝。是以有道之主，將用其民，先和而造大事❸。不敢信其私謀，必告于祖廟，啟❹于元龜❺，參之天時，吉乃後舉。民知君之愛其命，惜其死，若此之至，而與之臨難，則士以進死為榮，退生為辱矣。」

【章　旨】

要想在戰爭中取勝，首先必須做到「四和」，即和於國，和於軍，和於陣，和於戰，做到內部團結，協調己方步調。同時，謹慎用兵，擇時而動，愛惜民眾生命，可激勵將士奮勇前進，不惜為國捐軀。

【注　釋】

❶百姓　本意是百官族姓，先秦時對貴族的總稱。

❷陳　同「陣」，下同。

❸大事　指戰爭。

❹啟　陳述；報告。

❺元龜　大龜。古人認為龜通神靈，故出兵征戰之前，先用龜甲占卜吉凶。

【語譯】

吳起說：「從前治理國家的君主，必定首先教導百姓，親近萬民。有四種不和的情況：國內意見不統一，不可以出兵；軍隊內部不團結，不可以上陣；臨陣行為不一致，不可以作戰；戰鬥行動不協調，不可能取勝。因此，英明的君主準備用他的民眾去作戰的時候，必先能夠團結，然後才發動戰爭。他不敢專信自己的謀劃，必定向祖廟祭告，用龜甲占卜，參驗天時，得到吉兆後才行動。民眾知道君主愛護他們的生命，憐惜他們的死亡，到了如此的地步，再讓他們開赴前線，他們就會以盡力拼死為光榮，以退卻偷生為恥辱了。」

吳子曰：「夫道❶者，所以反本復始❷。義❸者，所以行事立功。謀者，所以違害就利。要❹者，所以保業守成。若行不合道，舉不合義，而處大居貴，患必及之。是以聖人❺綏❻之以道，理之以義，動之以禮❼，撫之以仁❽。此四德者，修之則興，廢之則衰。故成湯❾討桀❿而夏民喜悅，周武⓫伐紂⓬而殷人不非。舉順天人，故能然矣。」

【章旨】

道、義、禮、仁這「四德」，是古代賢明的君主治理天下，安撫民眾的法寶，興廢由之。商湯、周武順乎民意，故得天下；夏桀、殷紂逆於潮流，終喪國家。

【注釋】

❶道　指當時的道德規範。

❷反本復始　指恢復人們善良的本性。

❸義　指符合當時道德標準的行為。

❹要　信條；綱要。

❺聖人　本謂道德智能極高的人。這裏指賢明的統治者。

❻綏　安撫。

❼禮　禮教。指當時的社會規範和道德標準。

❽仁　仁愛。

❾成湯　又稱武湯、商湯，殷商王朝的建立者。原係夏朝諸侯。

❿桀　夏朝末代國王，有名的暴君。後被成湯所敗，夏朝遂亡。

⓫周武　即周武王。原為商朝諸侯，後推翻了商紂王的暴虐統治，建立了周朝。

⓬紂　即商紂王。商朝末代君主，為周武王所滅。

【語　譯】

吳起說：「『道』是用來恢復人們善良本性的，『義』是用來建功立業的，『謀』是用來趨利避害的，『要』是用來保全事業成果的。如果行為不符合『道』，舉動不符合『義』，而又掌握大權，身居要職，災難就必然降臨。因此，聖人用『道』來安撫天下，用『義』來治理國家，用『禮』來打動民眾，用『仁』來撫慰民眾。這四種德行，修治發揚了國家就興盛，廢棄了國家就衰亡。所以，成湯討伐夏桀而夏朝的民眾很高興，周武王誅伐殷紂而殷朝的人民不反對。這是因為他們的舉動順天理、合民心，所以才能這樣。」

吳子曰：「凡制國治軍，必教之以禮，勵之以義，使有恥也❶。夫人有恥，在大足以戰，在小足以守矣。然戰勝易，守勝難。故曰，天下戰國❷，五勝者禍，四勝者弊，三勝者霸，二勝者王，一勝者帝。是以數勝得天下者稀，以亡者眾。」

【章旨】

「知恥近乎勇」，有羞恥感的民眾，進可戰，退可守。但保住勝利成果要比奪取勝利更為艱難，故多勝不如少勝，帝業可一捷而定。

【注釋】

❶使有恥也　讓人知道羞恥。古人云：「知恥近乎勇。」也就是說，知道羞恥，就能鼓起勇氣。

❷戰國　互相爭戰的國家。

【語譯】

吳起說：「凡是管轄國家、治理軍隊，一定要用『禮』來教育民眾，用『義』來勉勵民眾，使他們知道羞恥。民眾有了羞恥之心，力量強大就可以出戰，力量弱小也能夠防守。然而奪取勝利容易，保住勝利成果困難。所以說，天下互相爭戰的國家，取得五次戰爭勝利的會招致災禍，取得四次勝利的會國力疲弊，取得三次勝利的可以稱霸，取得兩次勝利的可以稱王，取得一次勝利的可以成就帝業。因此，靠多次戰爭的勝利而得到天下的少，由此而亡國的卻很多。」

吳子曰：「凡兵之所起者有五：一曰爭名，二曰爭利，三曰積惡❶，四曰內亂，五曰因飢。其名又有五：一曰義兵，二曰強兵，三曰剛兵，四曰暴兵，五曰逆兵。禁暴救亂曰義，恃眾以伐曰強，因怒興師曰剛，棄禮貪利曰暴，國亂人疲、舉事動眾曰逆。五者之數❷，各有其道：義必以禮服，強必以謙服，剛必以辭服，暴必以詐服，逆必以權❸服。」

【章　旨】

產生戰爭的原因有五種，戰爭的類型也有五種。對付不同類型的戰爭，必須採用不同的辦法。

【注　釋】

❶積惡 積仇；積怨。
❷五者之數 言對付這五者的辦法。數，方法；辦法。
❸權 權謀；權變。

【語譯】

吳起說：「大凡戰爭的起因有五種：一是爭名位，二是爭利益，三是積怨仇，四是起內亂，五是遭飢荒。戰爭的名稱也有五種：一是義兵，二是強兵，三是剛兵，四是暴兵，五是逆兵。禁暴除亂，拯救危難的叫義兵；倚仗兵多，征伐別國的叫強兵；因忿恨發怒而舉兵討伐的叫剛兵；背棄禮義，貪圖私利的叫暴兵；國亂民疲，卻興師動眾的叫逆兵。對付這五種戰爭的辦法，各有不同：義兵必須用禮義折服它，強兵必須用謙讓降服它，剛兵必須用言辭說服它，暴兵必須用計謀制服它，逆兵必須用權變懾服它。」

武侯❶問曰：「願聞治兵、料人❷、固國之道。」起對曰：「古之明王，必謹君臣之禮，飾❸上下之儀，安集吏民，順俗而教，簡募良材，以備不虞。昔齊桓❹募士五萬，以伯❺諸侯。晉文❻召為前行❼四萬，以獲其志。秦繆❽置陷陳三萬，以服鄰敵。故強國之君，必料其民。民有膽勇氣力者，聚為一卒❾。樂以進戰效力，以顯其忠勇者，聚為一卒。能踰高超遠，輕足善走❿者，聚為一卒。王臣失位而欲見功于上者，聚為一卒。棄城去守，欲除其醜⓫者，聚為一卒。此五者，軍之練銳也。有此三千人，內出可以決圍，外入可以屠城矣。」

【章旨】

所謂的「武備」，除了要製造武器裝備外，更要「簡募良材」，聚卒練銳，針對士卒的不同特點和要求，進行編隊組合，建立起一支訓練有素的精銳部隊，「以備不虞」。

然而要使這支武力戰必勝、攻必取，還必須做到「安集吏民」，「順俗而教」。

【注釋】

❶武侯　即魏武侯。魏文侯之子，名擊，西元前三九六至前三七一年在位。

❷料人　即料民。周代把登記戶籍、調查人口稱作料民。

❸飾　裝飾；整飭。

❹齊桓　齊桓公，齊國國君。姜姓，名小白，春秋五霸之一，西元前六八五至前六四三年在位。

❺伯　通「霸」。稱霸。

❻晉文　晉文公，晉國國君。姬姓，名重耳，春秋五霸之一，西元前六三六至前六二八年在位。

❼前行　前鋒；先頭部隊。

❽秦繆　秦穆公，秦國國君。嬴姓，名任好，春秋五霸之一，西元前六五九至前六二一年在位。

❾卒　古代軍隊的編制單位。周制百人為卒，這裏泛指部隊。

❿走　奔跑。

⓫醜　羞恥；恥辱。

【語譯】

魏武侯問道：「我希望聽聽治理軍隊、統計人口、鞏固國家的方法。」吳起回答說：「古時賢明的君主，必定謹守君臣間的禮節，整飭上下間的禮儀，安撫聚集官吏、民眾，按照習俗教育他們，挑選、招募有才能的人，以防備突發事件。從前，齊桓公募集了五萬勇士，因而稱霸諸侯。晉文公招募四萬人作先頭部隊，實現了他的志向。秦穆公建立了三萬人的衝鋒陷陣隊伍，藉以制服鄰國。所以，謀求國家強大的君主，必須摸清民眾的情況。把民眾中有膽量、力氣大的人編為一隊；把樂意進戰效命，以顯示忠勇的人編為一隊；把能攀高越遠、敏捷善跑的人編為一隊；把因罪錯丟官失位而又想立功補過的人編為一隊；把曾經棄守城池而想洗刷恥辱的人編為一隊。這五支隊伍都是軍隊中的精銳部隊。有這樣三千人，由內出擊可以突破敵軍的包圍，由外進攻可以摧毀敵人的城邑。」

武侯問曰：「願聞陳必定、守必固、戰必勝之道。」起對曰：「立[1]

見且可，豈直聞乎！君能使賢者居上，不肖者❷處下，則陳已定矣。民安其田宅，親其有司❸，則守已固矣。百姓皆是吾君而非鄰國，則戰已勝矣。」

【章　旨】

君主若能做到任人唯賢，使民眾安居樂業、擁戴自己，那就可以做到「陳必定、守必固、戰必勝」了。

【注　釋】

❶立　立即；立刻。

❷不肖者　不材者；平庸之輩。

❸有司　泛指官吏。

【語譯】

武侯問道：「我希望聽聽陣勢必能穩定、守備必能堅固、作戰必能取勝的方法。」

吳起回答說：「立即看到都可以，豈止是聽聽呢！君主如能使賢能之士擔任重要職位，平庸之輩貶處卑下之職，那麼陣勢就已經穩定了。民眾安居樂業，親敬長官，那麼守備就已經堅固了。百姓都擁戴自己的國君，反對鄰國，那麼戰爭就已經勝利了。」

武侯嘗謀事，群臣莫能及，罷朝而有喜色。起進曰：「昔楚莊王❶嘗謀事，群臣莫能及，罷朝而有憂色。申公❷問曰：『君有憂色，何也？』曰：『寡人聞之，世不絕聖，國不乏賢，能得其師者王，能得其友者伯。今寡人不才而群臣莫及者，楚國其殆矣。』此楚莊王之所憂，而君悅之，臣竊懼矣。」于是武侯有慚色。

【章　旨】

治國制軍，君主理應虛懷若谷，兼聽納諫，鼓勵下屬發表不同意見，發現和使用人才，而不能反其道而行之。由此觀之，莊王雖憂可喜，武侯雖喜堪憂。

【注　釋】

❶楚莊王　楚國國君。芈姓，名旅（一作呂、侶），春秋五霸之一，西元前六一三至前五九一年在位。

❷申公　即申叔時，楚國大夫。

【語　譯】

武侯曾經和群臣商議國事，眾大臣的見解都不如他，退朝以後，他面有喜色。吳起進諫說：「從前楚莊王曾經和群臣商討國事，群臣都不及他，退朝以後面有憂色。申公問他：『君王面露憂慮，是為什麼？』楚莊王說：『我聽說，世上不會沒有聖人，國內也不缺少賢者，能夠得到他們做老師的可以稱王，能夠得到他們做朋友的可以稱霸。現在我缺乏才能而群臣還不如我，楚國真是危險了。』這是楚莊王所擔憂的，而您卻感到高興，我私下裏真替您擔心啊！」於是武侯露出了羞愧的神色。

料敵第二

【題解】

料敵，就是分析判斷敵情。吳起從魏國的地理條件出發，針對魏國處於六國包圍之中的不利情況，首先提出了「安國家之道，先戒為寶」的總方針，認為祇有加強戒備，才能保障國家的安全。吳起對六國的政治、經濟、軍事、地理條件、民情風俗、軍隊素質和陣法特點等情況，進行綜合性的分析和判斷，從而提出了對付六國的不同作戰方針和方法。在作戰指揮上，吳起主張「審敵虛實而趨其危」，即弄清敵軍的虛實強弱，攻擊它的要害；並根據有利的和不利的條件，「見可而進，知難而退」，每戰要有必勝的把握。

武侯問吳起曰：「今秦脅吾西，楚帶吾南，趙衝吾北，齊臨吾東，燕絕吾後，韓據吾前。六國四守，勢甚不便❶。憂此奈何？」

起對曰：「夫安國家之道，先戒為寶。今君已戒，禍其遠矣。臣請論六國之俗，夫齊陳重而不堅，秦陳散而自鬬，楚陳整而不久，燕陳守而不走❷，三晉❸陳治而不用。

【章旨】

吳起針對魏國處於六國包圍之中這一不利態勢，向魏武侯提出了「安國家之道，先戒為寶」的總方針，把加強戰備作為保障國家安全的首要條件，並概括分析了六國的軍事力量。

【注釋】

❶不便　不利。

❷走　跑。這裏是機動靈活的意思。

❸三晉　西元前四〇三年，由晉國分成的韓、趙、魏三個諸侯國，史稱「三晉」。此處僅指韓、趙兩國。魏國建都於安邑，後遷都於大梁。

【語　譯】

魏武侯對吳起說：「現在秦國威脅著我國的西面，楚國圍繞著我國的南面，趙國正對著我國的北面，齊國逼近我國的東面，燕國阻絕著我國的後面，韓國據守著我國的前面。六國軍隊四面包圍著我們，形勢非常不利，我為此擔憂，你看怎麼辦呢？」

吳起回答說：「安定國家的辦法，預先有戒備是最為重要的。現在您已經有了戒備，離禍患就遠了。請讓我談談六國的情況：齊國陣勢龐大但不堅固，秦國陣勢分散但能各自為戰，楚國陣勢嚴整但不能持久，燕國陣勢長於防守但不善於機動，韓國、趙國陣勢整齊但沒有戰鬥力。

「夫齊性剛，其國富，君臣驕奢而簡❶于細民，其政寬而祿不均，一陣兩心，前重後輕，故重而不堅。擊此之道，必三分之，獵其左右，脅而從之，其陳可壞。秦性強，其地險，其政嚴，其賞罰信❷，其人不讓，皆有鬪心，故散而自戰。擊此之道，必先示之以利而引去之。士貪于得而離其將，乘乖❸獵散，設伏投機，其將可取。楚性弱，其地廣，其政騷❹，其民疲，故整而不久。擊此之道，襲亂其屯❺，先奪其氣，輕進速退，弊而勞之，勿與爭戰，其軍可敗。燕性慤❻，其民慎，好勇義，寡詐謀，故守而不走。擊此之道，觸而迫之，陵❼而遠之，馳而後之，則上疑而下懼，謹我車騎必避之路，其將可虜。三晉者，中國❽也，其性和，其政平，其民疲于戰，習于兵，輕其將，薄其祿，士無死志，故治而不用。擊此之道，阻陳而壓之，眾來則拒之，去則追亡，以倦其師。此其勢也。

【章旨】

吳起從戰略的角度，對六國的政治、經濟、軍事、地理條件、民情風俗，以及六國軍隊的素質、陣法特點等各項優劣情況作了綜合性的分析與判斷，進而提出了對待六國不同的作戰方針和方法。

【注釋】

❶簡　怠慢；輕視。

❷信　真實；分明。

❸乖　分離。指上文「士貪于得而離其將」。

❹騷　煩亂。

❺屯　軍隊駐紮地。
❻慤　質樸；忠厚。
❼陵　欺凌；侵犯。
❽中國　指中原地區的國家。

【語　譯】

「齊國人性情剛烈，國家富足，國君、大臣驕橫奢侈，輕視民眾，政令鬆弛，俸祿不均，軍心渙散，兵力部署前重後輕，所以陣勢龐大但不堅固。攻擊這樣國家的辦法，一定要兵分三路，兩路側擊其左、右翼；一路乘勢進逼，它的陣勢便可以攻破。秦國人性情倔強，地形險要，政令嚴格，賞罰分明，士卒勇猛而不退讓，都有戰鬥的精神，所以陣勢分散但能各自為戰。攻擊這樣國家的辦法，一定要施以小利以引誘士兵貪功而脫離將帥的指揮。士卒貪圖得利而脫離其將，彼此不能呼應，便可趁此機會打擊其分散的隊伍，並設置伏兵，伺機襲擊，那麼就可以擒獲他們的將領。楚國人性情懦弱，土地廣闊，政令混亂，民眾疲困，所以雖然陣勢嚴整但不能持久。攻擊這樣國家的辦法，是要襲擊騷擾它的部隊駐地，先挫傷其士氣，爾後以小部隊突然進攻，快速撤退，消耗和疲勞敵軍，不與它對陣交戰，這樣就可以打敗它的軍隊。燕國人性情忠厚，民眾謹慎，好勇尚義，缺少謀詐，所以能堅守陣地而不善於靈活出擊。攻擊這樣國家的辦法，是一接觸就逼迫它，騷擾一下就迅速離開它，並奔襲它的後方，這樣就使它的將領疑惑，士兵恐懼，再把我車騎嚴密地埋伏在敵軍撤退時必經之路上，它的將領就可以俘獲。韓國和趙國是地處中原的國家，民眾性情溫和，政令平實，百姓疲困於戰亂，久經戰爭，輕視其將帥，鄙薄俸祿，士兵沒有死戰的決心，所以雖然陣勢有條理但沒有戰鬥力。攻擊這樣國家的辦法，是先用強大陣勢壓倒它，敵眾來攻就阻擊它，敵人退卻就追擊它，以此疲勞它的軍隊。這是六國的大概形勢。

「然則一軍之中，必有虎賁❶之士，力輕扛鼎❷，足輕戎馬，搴❸旗取將，必有能者。若此之等，選而別之，愛而貴之，是謂軍命。其有工❹用五兵❺，材力健疾，志在吞敵者，必加其爵列❻，可以決勝。

厚其父母妻子，勸賞畏罰，此堅陳之士，可與持久。能審❼料此，可以擊倍。」

武侯曰：「善！」

【章　旨】

吳起主張一軍之中必須有勇猛之士，對這些人要「選而別之，愛而貴之」，並「加其爵列」，厚待其父母妻子。能夠作到這些，就可以成倍地擊敗敵人。

【注　釋】

❶虎賁　對勇士的稱呼。

❷鼎　古代供煮食物或祭祀用的器具，多用青銅製成。

❸搴　取；拔取。

❹工　擅長。

❺五兵　古代常用的五種兵器，即戈、戟、殳、弓矢和酋矛。這裏泛指各種兵器。

❻爵列　爵位俸祿的等級。

❼審　確實。

【語　譯】

「既然這樣，那麼我軍之中，就一定要有勇猛之士，其力氣之大能把鼎輕鬆地舉起來，行動輕捷能夠追上戰馬，拔取敵旗，斬殺敵將，一定要有這樣有能力的人。像這樣的人，必須選拔出來，愛護並重用他們，他們就是軍隊的精華。凡有善於使用各種兵器，身強力壯，動作敏捷，志在殺敵者，一定要給他們加官晉爵，這樣就可以奪取戰爭的勝利。還要厚待他們的父母妻子，激勵他們立功受獎，使他們害怕受到懲罰，他們都是能堅守陣地的人，可以與敵軍持久作戰。能夠確實地做到這些，就可以打敗成倍的敵人了。」

魏武侯說：「講得好！」

吳子曰：「凡料敵❶，有不卜❷而與之戰者八。一曰疾風大寒，早興寤遷❸，剖冰濟❹水，不憚艱難。二曰盛夏炎熱，晏興無間，行驅❺飢渴，務于取遠。三曰師既淹❻久，糧食無有，百姓怨怒，妖祥❼數起，上不能止。四曰軍資既竭，薪蒭❽既寡，天多陰雨，欲掠無所。五曰徒眾不多，水地不利，人馬疾疫，四鄰不至。六曰道遠日暮，士眾勞懼，倦而未食，解甲而息。七曰將薄吏輕，士卒不固，三軍❾數驚，師徒無助。八曰陳而未定，舍而未畢，行阪❿涉險，半隱半出。諸如此者，擊之勿疑。

「有不占而避之者六。一曰土地廣大，人民富眾。二曰上愛其下，惠施流布⓫。三曰賞信刑察，發⓬必得時。四曰陳功居列，任賢使能。五曰師徒之眾，兵甲之精。六曰四鄰之助，大國之援。凡此不如敵人，避之勿疑。所謂見可而進，知難而退也。」

【章　旨】

吳起主張細密地分析、觀察敵情，根據戰場上有利和不利條件，來判斷打還是不打。吳起詳細闡述了不卜而「擊之勿疑」的八種情況、「避之勿疑」的六種情況，進而提出了「見可而進，知難而退」的作戰原則。這些，都是吳起從當時的實戰中總結出來的經驗之談，很有價值。

【注　釋】

❶**料敵**　指分析、判斷敵情。

❷**卜**　古人用火燒灼龜甲，看其出現的裂紋，以預測吉凶。後來也指用其他方法預測吉凶。

❸**寤遷**　一大早調動部隊。寤，睡醒。

❹濟　渡水。
❺行驅　徒步和乘戰車行進。驅，策馬而行。
❻淹　滯留。
❼妖祥　不吉的徵兆。祥，徵兆。
❽芻　即「芻」。餵牲口的草料。
❾三軍　據《周官・大司馬》載：周制，天子六軍，大國三軍，每軍一萬二千五百人。春秋時，晉國有中、上、下三軍，以中軍之主將為三軍統帥。楚國則稱中、左、右三軍。文中是指軍隊的統稱。
❿阪　山坡。
⓫流布　流傳；傳佈。
⓬發　舉動。這裏指行賞和處罰。

【語　譯】

吳起說：「凡是判斷敵情，不必占卜就可與其交戰的有八種情況。一是在大風嚴寒中大清早剛醒來便趕著行軍，破冰渡河，不顧部隊艱難。二是在盛夏炎熱的天氣，出發很遲又沒有休息，行軍急速，又飢又渴，只顧攻取遠地。三是部隊在外很久，糧食用光，百姓怨怒，不吉祥的徵兆屢次出現，將領又無法制止。四是軍需物資已經耗盡，柴草飼料已經很少，陰雨連綿，想要掠奪又沒有地方。五是兵力不多，水土不服，人馬多病，四鄰援兵又趕不到。六是長途跋涉已近天晚，士卒疲勞恐懼，困乏飢餓，紛紛解甲休息。七是將吏沒有威信，軍心不穩固，部隊屢次遭到襲擾，而又孤單無援。八是陣勢還沒有部署好，宿營尚未完畢，爬山越險，只過了一半。凡是遇到敵軍這類情況，都應迅速出擊，不要遲疑。

「不必占卜就應決定避免與敵人作戰的情況有六種。一是土地廣大，人口眾多而且富足。二是國君將帥愛護百姓和士卒，恩惠普及。三是賞罰分明，處理及時妥當。四是按功績大小給予官爵，任用賢能之人。五是人馬眾多，武器裝備精良。六是得到四周鄰國幫助和大國援助。凡是這些情況不如敵人，就要避免和它作戰且不要遲疑。這就是所說的看到可以取勝就進擊，知道難以取勝就退兵。」

武侯問曰：「吾欲觀敵之外❶以知其內❷，察其進以知其止，以定勝負，可得聞乎？」

起對曰：「敵人之來，蕩蕩無慮，旌旗❸煩亂，人馬數顧❹，一可擊十，必使無措。諸侯未會，君臣未和，溝壘未成，禁令未施，三軍匈匈❺，欲前不能，欲去不敢，以半擊倍，百戰不殆。」

【章旨】

吳起主張細緻地觀察敵人的行動，把握敵人的真實情況，熟知敵人的強弱、虛實和短長，抓住有利戰機，就可以達到「一可擊十」、「以半擊倍」的效果。

【注釋】

❶外　現象；徵候。

❷內 實情。

❸旌旗 軍隊旗幟的總稱。

❹數顧 屢次東張西望。

❺匈匈 即「洶洶」。喧擾不安。

【語譯】

魏武侯問吳起說：「我想通過觀察敵人的外部現象來了解敵人的內部情況，通過觀察敵人的行動來知道它的企圖，從而判定作戰的勝負，你可以說給我聽聽嗎？」

吳起回答說：「敵人來的時候，隊伍龐大散亂，無所顧慮，軍旗凌亂無序，人馬左顧右盼，對這樣的軍隊可以以一擊十，必然使它無法抵禦。敵人各路諸侯尚未會合，君臣之間不和睦，作戰的工事沒有築成，禁令沒有宣佈實施，軍隊喧嚷不止，想前進不能前進，想後退不能後退，對這樣的情形，可以以半擊倍，百戰不敗。」

武侯問敵必可擊之道。

起對曰：「用兵必須審敵虛實而趨其危。敵人遠來新至，行列未定，可擊。既食未設備，可擊。奔走，可擊。勤勞❶，可擊。未得地利，可擊。失時不從，可擊。涉長道，後行未息，可擊。涉水半渡，可擊。險道狹路，可擊。旌旗亂動，可擊。陳數移動，可擊。將離士卒，可擊。心怖，可擊。凡若此者，選銳❷衝之，分兵繼之，急擊勿疑。」

【章旨】

吳起在分析了對敵作戰中「擊之勿疑」、「避之勿疑」的各種情況，以及「一可擊十」、「以半擊倍」各種條件後，提出了「審敵虛實而趨其危」的作戰原則，歸納出「可擊之道」的十三種情形。

【注釋】

❶勤勞　疲勞。

❷銳　精銳之兵。

【語譯】

魏武侯問在什麼情況下可以進攻敵人。

吳起回答說：「用兵作戰必須弄清敵人的虛實，然後攻擊它的要害之處。敵人遠來剛到，部署未定，可以攻擊。剛吃完飯，還沒有戒備的，可以攻擊。慌亂奔走的，可以攻擊。疲勞不堪的，可以攻擊。沒有占據有利地形的，可以攻擊。失去戰機不順利的，可以攻擊。長途跋涉，後到部隊還沒有休息的，可以攻擊。長途跋涉，後到部隊還沒有休息的，可以攻擊。涉水渡河剛到一半的，可以攻擊。在險峻狹隘道路上行軍的，可以攻擊。軍旗七歪八倒的，可以攻擊。陣勢頻繁移動的，可以攻擊。將帥脫離士卒的，可以攻擊。軍心恐懼的，可以攻擊。凡是遇到敵軍處於這些情況下，就可以選派精銳部隊發起衝鋒，再派遣部隊緊緊跟上，迅猛衝殺，不能遲疑。」

治兵第三

【題解】

治兵，就是治理軍隊。吳起認為，兵「不在眾」，而要「以治為勝」。他強調法令嚴明，賞罰有信，愛護士兵，內部團結，這樣就能「投之所往，天下莫當」。他主張治軍要「教戒為先」，加強教育訓練，包括軍事基礎訓練和戰備行動訓練，使全軍上下都熟悉各種戰法。吳起還指出，將帥要果敢決斷，切忌優柔寡斷。這些，都是治理軍隊的問題。

武侯問曰：「用兵之道何先？」

起對曰：「先明四輕、二重、一信。」

曰：「何謂也？」

對曰：「使地輕馬，馬輕車，車輕人，人輕戰。明知險易，則地輕馬。芻秣❶以時，則馬輕車。膏鐧❷有餘，則車輕人。鋒銳甲堅，則人輕戰。進有重賞，退有重刑。行之以信。審❸能達此，勝之主也。」

【章　旨】

吳起論述了用兵作戰首先要做到的幾個方面，包括熟悉地形，車馬武器精良以及賞罰分明有信等內容。

【注　釋】

❶芻秣　給牲口餵飼料。芻、秣均指飼養牛馬的草料，這裏則作動詞用。

❷膏鐧有餘　就是車軸經常保持潤滑的意思。膏，油脂，作潤滑劑用。鐧，包戰車車軸的鐵皮。

❸審　確實；實在。

【語　譯】

魏武侯問：「用兵作戰，首先應當抓什麼？」

吳起回答說：「首先要明確四輕、二重、一信。」

魏武侯問：「這是什麼意思呢？」

吳起回答說：「四輕就是選擇地形便於戰馬奔馳，戰馬便於駕駛車輛，戰車便於運載將士，將士便於作戰。熟知地形的險易變化，就能便於馳馬。按時飼養戰馬，戰馬就能便於駕車。車軸經常保持潤滑，戰車就能便於載人。武器精良，鎧甲堅固，將士就便於作戰。二重就是前進有重賞，退卻有重罰。一信就是施行賞罰有信用。確實能做到這些，就能取得勝利了。」

武侯問曰：「兵何以為勝？」

起對曰：「以治為勝。」

又問曰：「不在眾乎？」

對曰：「若法令不明，賞罰不信，金❶之不止，鼓❷之不進，雖有百萬，何益于用？所謂治者，居則有禮，動則有成，進不可當，退不可追。前卻有節，左右應麾❸，雖絕成陳，雖散成行。與之安危，其眾可合而不可離，可用而不可疲，投之所往，天下莫當，名曰父子之兵。」

【章旨】

這一節論述了吳子所提倡的「父子之兵」的建軍思想。吳子認為，兵「不在眾」，「以治為勝」，並提出了治兵的具體標準。

【注　釋】

❶金　金屬製成的打擊樂器，古代軍隊用敲擊它發出的聲音作為指揮軍隊停止、後退的信號。《尉繚子・勒卒令》：「鼓之則進，重鼓則擊。金之則止，重金則退。」

❷鼓　古代軍隊用鼓聲作為指揮軍隊前進的信號。

❸麾　令旗。

【語　譯】

魏武侯問道：「軍隊靠什麼打勝仗？」

吳起回答說：「靠嚴格治兵打勝仗。」

魏武侯又問道：「不在於兵力眾多嗎？」

吳起回答說：「如果法令不嚴明，賞罰無信用，鳴金而不能停止，擊鼓而不能前進，即使有百萬之眾，又有什麼用處呢？所說的治兵，就是駐紮時守禮法，作戰時有成就，進攻時敵不可抵擋，撤退時敵不可追及。前進後退有秩序，左右運動聽指揮，隊伍即使被隔斷，仍能保持陣勢，即使被衝散，仍能恢復行列。將帥與士卒同安危，則軍隊可以聯合而不能離散，可以作戰而不能疲困，放到哪裏作戰，都能天下無敵，這叫作父子之兵。」

吳子曰：「凡行軍之道，無犯進止之節，無失飲食之適，無絕人馬之力。此三者，所以任其上令。任其上令，則治之所由生也。若進止不度，飲食不適，馬疲人倦而不解舍❶，所以不任其上令。上令既❷廢，以居則亂，以戰則敗。」

【章旨】

吳起論述「行軍之道」的三個方面，中心是愛護士卒，適度有節量，這也是達到「治兵」的手段之一。

【注　釋】

❶解舍　指人馬解甲卸鞍，駐紮休息。

❷既　已經。

【語　譯】

吳子說：「一般行軍的原則是，不能違背行進停止的節度，不能錯過飲食的適時適量，不能耗盡人馬的力氣。這三項做到了，就能使士兵聽從將帥的命令。士卒聽從上級的命令，就能達到治軍的目的。如果行進停止沒有節度，供給飲食不適當，人困馬乏而不得駐紮休息，這樣士卒就不能聽從上級的命令了。上級的命令已經廢除，那麼駐守就必然混亂，作戰就必然失敗。」

吳子曰：「凡兵戰之場，立屍之地，必死則生，幸生則死。其善將❶者，如坐漏船之中，伏燒屋之下，使智者不及謀，勇者不及怒，受敵❷可也。故曰用兵之害，猶豫最大；三軍之災，生于狐疑。」

【章　旨】

吳起主張，將領指揮軍隊作戰，必須迅速、果敢，切忌優柔寡斷。所謂「用兵之害，猶豫最大；三軍之災，生于狐疑」，已成為至理名言。

【注　釋】

❶將　統帥；指揮。

❷受敵　迎擊敵人。

【語譯】

吳子說：「凡是兩軍交戰的戰場，都是流血死亡的地方，懷著必死的決心戰鬥就會生存，僥倖偷生就會死亡。那些善於指揮作戰的將領，使士兵就像坐在漏水的船中、伏在著火的房子裏一樣危急，則聰明的人來不及思考，勇猛的人來不及發怒，就只能迎擊敵人，決一死戰。所以說用兵的最大禍害，是將領的猶豫不決；軍隊的災難，往往是由於指揮狐疑。」

吳子曰：「夫人常死其所不能，敗其所不便❶。故用兵之法，教戒為先。一人學戰，教成十人。十人學戰，教成百人。百人學戰，教成千人。千人學戰，教成萬人。萬人學戰，教成三軍。以近待遠，以佚❷待勞，以飽待飢。圓而方之，坐而起之，行而止之，左而右之，前而後之，分而合之，結而解之。每變皆習❸，乃授其兵。是謂將事。」

【章　旨】

吳子認為，「用兵之法，教戒為先」。要建設一支強大的軍隊，教育訓練是首要的。此節主要講了「一人學戰」到「教成三軍」的逐步推廣的教學方法，以及熟悉各種陣法變化的訓練內容。

【注　釋】

❶不便　不擅長。這裏指不擅長之事。

❷佚　通「逸」。閑逸。

❸習　熟知；會做。

【語譯】

吳子說：「士卒在戰鬥中往往死於沒有技能，敗於不知道戰法。所以用兵之法，教育和訓練士兵是首要的。一個人學會作戰本領，可以教會十人。十人學會作戰本領，可以教會百人。百人學會作戰本領，可以教會千人。千人學會作戰本領，可以教會萬人。萬人學會作戰本領，可以教會三軍。戰法上要訓練以近待遠，以逸待勞，以飽待飢。陣法上要訓練由圓陣變成方陣，由坐陣變成立陣，由前進變成停止，由向左變成向右，由前行變成後退，由分散變成集中，由集結變成解散。每種變化都熟悉掌握了，才授給士卒兵器。這些都是將領該做的事情。」

吳子曰：「教戰之令，短者持矛戟，長者持弓弩，強者持旌旗，勇者持金鼓，弱者給廝養❶，智者為謀主❷。鄉里❸相比❹，什伍❺相保。一鼓整兵，二鼓習陳，三鼓趨食，四鼓嚴辨❻，五鼓就行❼。聞鼓聲合，然後舉旗。」

【章旨】

這一節論述訓練作戰的方法，要求根據士卒的不同特點，進行分工教練，使發揮其所長，並規定了行動信號以及訓練程序。

【注釋】

❶廝養　泛指勤務兵。廝、養都是指從事炊事等雜務的役卒。

❷謀主　即謀者。出謀劃策的人。前文「審能達此，勝之主也」，「主」也是人、者之義。

❸鄉里　相傳為周代的基層行政單位，一萬二千五百家為一鄉，二十五家為一里。這裏指同鄉的士卒。

❹比　靠近。指編在一起。

❺什伍　古代兵士五人為伍，十人為什，是軍隊編制的最小單位。

❻嚴辨　整辦行裝。辨，同「辦」。

❼行　隊列。

【語譯】

吳子說：「訓練作戰的法則是，身材矮小的使用矛或戟，身材高大的使用弓和弩，身體強壯的扛戰旗，勇猛善戰的鳴金擊鼓，體質柔弱的餵馬燒飯，聰明智慧的出謀劃策。同鄉同里的士卒編在一起，同什同伍的互相聯保。第一次擊鼓整理兵器，第二次擊鼓練習列陣，第三次擊鼓迅速吃飯，第四次擊鼓整治行裝，第五次擊鼓排好隊列。聽到鼓聲齊鳴，然後舉旗指揮部隊行動。」

武侯問曰：「三軍進止，豈有道乎？」

起對曰：「無當天灶，無當龍頭，天灶者，大谷之口。龍頭者，大山之端。必左青龍❶，右白虎❷，前朱雀❸，後玄武❹，招搖❺在上，從事于下。將戰之時，審候❻風所從來。風順，致呼而從之。風逆，堅陳以待之。」

【章　旨】

這一節主要講了軍隊行軍作戰所應注意的地勢、天象等自然現象，是吳子從實戰中總結出來的寶貴經驗。

【注　釋】

❶青龍　四象之一。中國古代天文學將黃道上的恒星劃分為四象二十八宿，由東方七宿組成龍象，從而成為古代神話中的東方之神，與白虎、朱雀、玄武合稱四方四神。這裏是指軍旗名，

青色，上繪龍，一般為左軍的軍旗。

❷白虎　四象之一，由西方七宿組成虎象。這裏是指軍旗名，白色，上繪熊虎，一般作右軍的軍旗。

❸朱雀　亦稱「朱鳥」，四象之一，由南方七宿組成鳥象，成為古代神話中的南方之神。這裏是指軍旗名，紅色，上繪鳥，一般為前軍的軍旗。

❹玄武　四象之一，由北方七宿組成龜蛇相纏之象，為古代神話中的北方之神。這裏是指軍旗名，黑色，上繪龜蛇，一般為後軍的軍旗。

❺招搖　指北斗七星中的第七星搖光，也稱招搖。北斗星象有「居北辰而眾星拱之」的意思，所以作為軍旗的中軍之旗，黃色，上繪北斗七星。

❻審候　觀察；偵察。審、候同義，候也有觀察的意思。

【語　譯】

魏武侯問道：「軍隊的前進、停止，有什麼辦法嗎？」

吳起回答說：「不要在天灶紮營，不要在龍頭駐軍。天灶，就是大山谷的口子。龍頭，就是大山的頂端。軍隊駐守時必須左用青龍旗，右用白虎旗，前用朱雀旗，後用玄武旗，中軍用招搖旗在高處指揮，部隊在下面按旗號行動。臨戰之時，要觀測風從哪個方向來。順風時，就乘勢吶喊，攻擊敵軍。逆風時，就堅守陣地，待機破敵。」

武侯問曰：「凡畜卒騎，豈有方乎？」

起對曰：「夫馬必安其處所，適其水草，節其飢飽。冬則溫廄，夏則涼廡。刻剔毛鬣❶，謹落四下❷，戢❸其耳目，無令驚駭。習其馳逐，閑其進止。人馬相親，然後可使。車騎之具，鞍勒銜轡，必令完堅。凡馬不傷于末，必傷于始；不傷于飢，必傷于飽。日暮道遠，必數上下。寧勞于人，慎無勞馬。常令有餘，備敵覆我。能明此者，橫行天下。」

【章旨】

這一節中，吳起詳細闡述了戰馬的馴養和使用問題。戰馬在戰爭中十分重要，它可以拉曳戰車，用於車戰；也可以作為乘騎，用於騎兵作戰。因此吳起主張愛馬，認為能明白養馬、愛馬之道，就可以「橫行天下」。

【注　釋】

❶鬣　馬的鬃毛。
❷落四下　指鏟蹄釘掌。落，削去。四下，四蹄。
❸戢　遮掩。

【語　譯】

魏武侯問道：「馴養戰馬，有什麼辦法嗎？」

吳起回答說：「馬，一定要住處安適，水草適當，節制牠的飢飽。冬天要使馬廄溫暖，夏天要讓馬棚涼爽。要常常給馬剪刷鬃毛，細心地鏟蹄釘掌，要遮掩住馬的耳目，使它不驚慌。讓馬練習奔跑追逐，熟習前進和停止的動作。士卒和戰馬互相親近，然後才可以使用好戰馬。駕車和騎馬的裝具，如馬鞍、籠頭、嚼子、繮繩，一定要使它們完好堅固。通常馬不是在使用結束時受傷，就是使用開始時受傷；不是因為飢餓受傷害，就是因為過飽受傷害。當天色已晚路程遙遠時，人就要經常從馬背上下來走走。寧可讓人勞累些，一定不要使馬疲乏。要經常使馬有餘力，以防敵軍襲擊我。能明白這些道理，就可以橫行天下。」

論將第四

【題解】

論將，就是論述良將的標準、將領的職責，以及「相敵將」的意義和方法。吳起主張，將領要「總文武」、「兼剛柔」，具有理、備、果、戒、約五種軍事素質，在作戰指揮上要熟練掌握氣、地、事、力「四機」，並能嚴格治軍，做到「施令而下不敢犯，所在而寇不敢敵」。吳起認為，「凡戰之要，必先占其將。」他把敵將分為智、愚、貪、驕、疑等類型，主張針對敵將的特點，採取不同對策。

吳子曰：「夫總文武者，軍之將也；兼剛柔❶者，兵之事也。凡人論將，常觀于勇，勇之于將，乃數分之一爾。夫勇者必輕合❷，輕合而不知利，未可也。故將之所慎者五，一曰理，二曰備，三曰果，四曰戒，五曰約。理者，治眾如治寡。備者，出門如見敵。果者，臨敵不懷生。戒者，雖克❸如始戰。約者，法令省而不煩。受命而不辭，敵破而後言返，將之禮也。故師出之日，有死之榮，無生之辱。」

【章旨】

這一節提出了為將的總標準和將領應做到的「五慎」，這些都是將帥必備的軍事素質。

【注釋】

❶剛柔　這裏指有勇有謀。

❷輕合　指輕易地與敵交戰。

❸克　勝利；完成。

【語　譯】

吳子說：「那些文武雙全的人，可以做軍中的將領；剛柔兼備的人，可以指揮作戰。通常人們評論將帥，常常只著眼於勇敢，而勇敢對於將帥來說，只是應具備的各種素質之一罷了。單憑勇敢指揮軍隊的人必然輕易與敵交戰，輕易與敵交戰而不知道利害，是不可以的。所以將領應當慎重的有五點，一是「理」，二是「備」，三是「果」，四是「戒」，五是「約」。理，是說統率百萬大軍如同治理小部隊一樣。備，是說一出門就像見到敵人一樣保持警惕。果，就是面對敵人不考慮生還。戒，就是雖然已經勝利仍然像戰鬥剛開始那樣戒備。約，是說法令簡明而不繁瑣。接受命令不推辭，打敗敵人之後才考慮返回，這是將軍的禮法。所以從出征之日開始，將領就只有戰死的榮譽，而沒有貪生的恥辱。」

吳子曰：「凡兵有四機❶，一曰氣機，二曰地機，三曰事機，四曰力機。三軍之眾，百萬之師，張設❷輕重，在于一人，是謂氣機。路狹道險，名山大塞，十夫所守，千夫不過，是謂地機。善行閒諜，輕兵❸往來，分散其眾，使其君臣相怨，上下相咎❹，是謂事機。車堅管轄❺，舟利櫓楫❻，士習戰陳，馬閑馳逐，是謂力機。知此四者，乃可為將。然其威德仁勇，必足以率下安眾，怖敵決疑。施令而下不犯，所在❼寇不敢敵。得之國強，去之國亡。是謂良將。」

【章旨】

此節論述對良將的要求，尤其是良將在作戰指揮上應熟練掌握的「氣」、「地」、「事」、「力」四機。

【注　釋】

❶機　古代弩箭的發射機關。引申指事物的樞要、關鍵。
❷張設　設置、安排的意思。
❸輕兵　輕裝靈活的小部隊。
❹咎　怪罪；怨恨。
❺管轄　車軸兩邊的鐵插鞘，用來鬥住車輪不使脫落。它是戰車的重要部件，因而引申有掌管、控制之義。
❻櫓楫　均是划船工具。櫓外形略似槳，但較大，支在船尾或船旁的櫓扣上。楫比櫓小，是一種短槳。
❼所在　猶所在之處。

【語　譯】

吳子說：「通常率軍作戰有四個關鍵，一是「氣機」，二是「地機」，三是「事機」，四是「力機」。三軍之眾，百萬之師，部署兵力輕重多少，全在於將領一人，這就是關係到士氣盛衰的「氣機」。道路狹窄險峻，高山要塞，十個人把守，一千人也難通過，這就是利用關鍵地形的「地機」。善於使用間諜，派遣小股部隊活動，分散敵人的兵力，使其君臣之間互相埋怨，上下之間彼此責怪，這就是運用計謀的「事機」。戰車要輪軸堅固，戰船要櫓槳輕便，士卒要熟練陣法，戰馬要熟悉馳騁奔逐，這就是發揮主要戰鬥力的「力機」。懂得這四個關鍵，才能作將帥。而且將帥的威嚴、品德、仁愛、勇敢，都必須足以統率下屬安定眾人，威懾敵軍決斷疑難。發佈命令而士卒不敢違犯，所到之處敵人不敢抵擋。得到這種將領國家就強盛，失去這種將領國家就滅亡。這就是所說的良將。」

吳子曰：「夫鼙鼓金鐸❶，所以威耳。旌旗麾❷幟，所以威目。禁令刑罰，所以威心。耳威于聲，不可不清。目威于色，不可不明。心威于刑，不可不嚴。三者不立，雖有其國，必敗于敵。故曰，將之所麾❸，莫不從移。將之所指，莫不前死。」

【章　旨】

吳起主張從嚴治軍，指揮部隊統一行動的金鼓、旗幟等要清晰鮮明，約束士兵行為的法規、刑罰要嚴格實行，這樣，將帥才能統領部隊勇往直前。

【注　釋】

❶鼙　古代軍中所擊的小鼓，一說騎鼓。《周禮・夏官・大司馬》：「中軍以鼙令鼓，鼓人皆三鼓。」鐸，古代打擊樂器，是大鈴的一種。鼓、金注見〈治兵〉篇注。鼙、鼓、金、鐸都是古代指揮軍隊作戰的工具。

❷麾　古代用以指揮軍隊的旗幟。《穀梁傳・莊公二十五年》：「置五麾，陳五兵五鼓。」范寧注：「麾，旌幡也。」旌、旗、麾、幟都是古代指揮軍隊行動的旗幟。

❸麾　通「揮」。指揮。

【語譯】

吳子說：「鼙鼓金鐸，是通過聽覺來指揮士兵的。旌旗麾幟，是通過視覺來指揮士兵的。禁令刑罰，是通過心理來指揮士兵的。耳朵靠聲音指揮，所以金鼓之聲不可不清楚。眼睛靠顏色指揮，所以旗幟的色彩不可不鮮明。軍心受刑罰的制約，所以刑罰不可不嚴格。這三者如果不確立，即使擁有國家，也必然會被敵人打敗。所以說，將領指揮，部隊就必須聽從。將領所指之處，部隊就必須冒死前往。」

吳子曰：「凡戰之要，必先占其將而察其才，因形用權，則不勞而功舉。其將愚而信人，可詐而誘。貪而忽❶名，可貨而賂。輕❷變無謀，可勞而困。上富而驕，下貧而怨，可離而間。進退多疑，其眾無依，可震而走。士輕其將而有歸志❸，塞易開險，可邀而取。進道易，退道難，可來而前❹。進道險，退道易，可薄❺而擊。居軍下溼，水無所通，霖雨數至，可灌而沉。居軍荒澤，草楚❻幽穢❼，風飆數至，可焚而滅。停久不疑，將士懈怠，其軍不備，可潛❽而襲。」

【章旨】

與敵作戰的重要原則是觀察敵將，分析敵情，從而作出正確的指揮判斷。吳起列舉十一種情況，詳細論述了針對不同類型的敵將特點和不同的戰場環境所採取的相應作戰方案，具有重要的實踐意義。

【注釋】

❶ 忽 忽視；不顧。

❷ 輕 輕易。下文「士輕其將」的「輕」是「輕視」、「看不起」的意思。

❸歸志　猶言思鄉之情。歸，回家。

❹前　通「翦」。翦滅；消滅。

❺薄　靠近；迫近。

❻楚　泛指叢林草莽。

❼穢　多草；荒蕪。

❽潛　暗中地；悄悄地。

【語　譯】

吳子說：「作戰的重要原則是，必須首先探知敵方將領並觀察他的才能，根據敵情的具體環境採取對策，就可以少費力而取勝。敵將愚蠢而輕信他人，可以用詐謀引誘他。敵將貪婪而不顧名聲，可以用財物收買他。敵將輕易改變計劃而沒有計謀，可以不斷騷擾而疲困他。敵將富裕而驕奢，其士卒貧困而怨恨，可以分化離間他們。敵將前進後退遲疑不決，士兵沒有依靠，可以用威勢逼跑他們。敵士兵輕視其將領而想回家，就堵塞坦途而讓開險路，可以用截擊的辦法消滅它。敵人前進的路平坦，後退的路艱難，就可以引誘敵人前行而消滅它。敵人前進的路難行，後退的路好走，就可以靠近敵人而攻擊它。敵軍駐紮在低窪潮溼之地，積水無法排出，又遇連綿不斷的大雨，就可以灌水淹沒它。敵軍駐紮在荒蕪的沼澤地，雜草灌木叢生，常有狂風，就可以用火焚燒而消滅它。敵軍久駐一地不轉移，官兵懈怠，軍隊缺乏戒備，就可以偷襲它。」

武侯問曰：「兩軍相望，不知其將，我欲相❶之，其術如何？」

起對曰：「今賤而勇者，將❷輕銳以嘗❸之，務于北❹，無務于得❺。觀敵之來，一坐❻一起❼，其政以理，其追北佯為不及，其見利佯為不知，如此將者，名為智將，勿與戰矣。若其眾讙譁，旌旗煩亂，其卒自行自止，其兵或縱或橫，其追北恐不及，見利恐不得，此為愚將，雖眾可獲。」

【章旨】

這一節中，吳子提出了相敵將的具體方法。吳子主張採取積極手段，派輕銳的小部隊武裝偵察，觀察敵軍的動靜，從而判斷敵將是「良將」還是「愚將」，以定下打還是不打的決心。

【注　釋】

❶相　觀察；了解。
❷將　率領。
❸嘗　試；試探。
❹北　敗北；失敗。
❺得　勝利；獲取。
❻坐　指停止。
❼起　指前進。

【語　譯】

魏武侯問道：「兩軍對陣，不知敵將才能如何，我想觀察他，有什麼辦法？」

吳起回答說：「命令勇敢的下級軍官，率領輕銳部隊去試攻敵人，一定要失敗而不求勝利。觀察敵人前來的舉動，如果每次停止或前進，指揮都很有條理，追擊敗北的隊伍假裝追不上，看見戰利品就像沒看見，這樣的將領，稱為有智慧的將領，不要和他交戰了。如果敵兵喧嘩吵鬧，旗幟東倒西歪，士卒隨意前進或停止，武器丟得亂七八糟，追擊敗北的隊伍唯恐追不上，見到財物唯恐得不到，這樣的將領是愚蠢的，即使敵軍眾多也可以擒獲。」

應變第五

【題解】

應變，就是善於應付各種情況的變化，運用靈活的戰法。吳起主張臨敵作戰中，要根據不同的敵情、天氣、地形環境等，審時度勢，運用靈活多變的戰法。吳起從實戰中總結出許多寶貴的作戰方法，如谷戰之法、水戰之法、車戰之法等，以及在敵強我弱、敵眾我寡、進退兩難等不利態勢下如何扭轉局面，變被動為主動，從而消滅敵人的具體措施，這些都顯示了吳起臨敵應變的戰術思想。

武侯問曰：「車堅馬良，將勇兵強，卒❶遇敵人，亂而失行，則如之何？」

起對曰：「凡戰之法，晝以旌旗旛❷麾為節❸，夜以金鼓笳❹笛為節。麾左而左，麾右而右。鼓之則進，金之則止。一吹而行，再吹而聚，不從令者誅。三軍服威，士卒用命，則戰無強敵，攻無堅陳矣。」

【章旨】

吳起認為，作戰中要作到「卒遇敵人」而陣腳不亂，就必須運用統一的作戰指揮手段，白天用可以看見的旌旗為標誌，夜晚用可以聽見的金鼓為信號，來統一行動，而且「不從令者誅」，就會攻無不破，戰無不勝。

【注釋】

❶卒　通「猝」。突然的意思。

❷旛　長方而下垂的旗子。旌、旗、旛、麾都是古代指揮軍隊用的旗幟。

❸ 節　節制。文中指號令。

❹ 笳　一種吹奏樂器。古代用笳、笛吹奏出的聲音以及金、鼓等擊打出的聲音指揮軍隊。

【語譯】

魏武侯問道：「如果戰車堅固、戰馬優良，將帥勇敢、士卒堅強，但是突然遇到敵人，卻一片混亂，不成行列，那樣該怎麼辦呢？」

吳起回答說：「通常作戰的方法是，白天以旌旗旛麾指揮，夜間以金鼓笳笛指揮。指揮向左部隊就向左，指揮向右部隊就向右。擊鼓部隊就前進，鳴金部隊就停止。第一次吹笳笛部隊就出發，第二次吹笳笛部隊就會合，有不聽號令的就殺。三軍服從指揮，士卒執行命令，這樣就沒有打不敗的強敵，沒有攻不破的堅陣。」

武侯問曰：「若敵眾我寡，為之奈何？」

起對曰：「避之于易❶，邀之于阨❷。故曰，以一擊十，莫善于阨。以十擊百，莫善于險。以千擊萬，莫善于阻❸。今有少卒卒❹起，擊金鳴鼓于阨路，雖有大眾，莫不驚動。故曰用眾者務易，用少者務隘。」

【章旨】

在敵眾我寡的情況下，要充分利用地形條件，避開平坦的地勢，要設法在險要的地形上截擊敵人，就可以以少勝多。

【注釋】

❶易　指坦途。

❷阨　險要的地方。

❸阻　阻擋。指隘路。

❹卒 通「猝」。

【語譯】

魏武侯問道：「如果遇到敵眾我寡的情況，該怎麼辦呢？」

吳起回答說：「在平坦地形上要避免與敵交戰，在險要的地形上要截擊敵人。所以說，要以一擊十，最好是憑藉狹隘地勢。要以十擊百，最好是利用險要地勢。要以千擊萬，最好是依靠阻絕地勢。如果有少數士兵突然出擊，在狹隘的路上擊金鳴鼓，敵人即使有眾多兵力，也一定要驚慌騷動了。所以說用眾多兵力時一定要利用平坦地形，用少量兵力時一定要利用險要地形。」

武侯問曰：「有師甚眾，既武且勇，背大阻❶險，右山左水；深溝高壘，守以強弩；退如山移，進如風雨；糧食又多，難與長守，則如之何？」

起對曰：「大哉問乎！此非車騎之力，聖人❷之謀也。能備千乘萬騎，兼之徒步，分為五軍，各軍一衢❸。夫五軍五衢，敵人必惑，莫知所加。敵若堅守以固其兵，急行間諜❹以觀其慮。彼聽吾說，解之而去。不聽吾說，斬使焚書。分為五戰，戰勝勿追，不勝疾歸。如是佯北，安行疾鬬，一結❺其前，一絕其後。兩軍銜枚❻，或左或右，而襲其處。五軍交至❼，必有其利。此擊強之道也。」

【章　旨】

攻擊強大的敵人，不能單靠武力，還要靠聖賢者的智謀。吳起詳細介紹了分兵作戰，迷惑敵人，最終戰勝強敵的方法。

【注　釋】

❶阻　倚仗；仗恃。

❷聖人　指深謀遠慮的人。

❸衢　道路。指方向。

❹閒諜　潛入敵地，刺探情況，伺機返報的人。《史記·李牧列傳》：「謹烽火，多閒諜。」這裏則指古代各國派出的使者。

❺結　牽制的意思。

❻銜枚　古代進軍襲擊敵人時，常令士兵口中含枚，以防喧嘩。枚，形如箸，兩端有帶，可繫於頸上。

❼交至　一併到達。

【語譯】

魏武侯問道：「假如敵軍兵力眾多，訓練有素且作戰勇敢；背靠大山，前臨險阻，右面是高山，左面是深水；壕溝極深，壁壘森嚴，又配有強勁的弓弩防守；後退穩如山移，前進迅如風雨；糧食充足，很難與之長期對峙，這種情況該怎麼辦呢？」

吳起回答說：「這個問題提得有份量！這不能單靠車騎的力量，還要靠聖賢者的智謀。如果能配備戰車千輛，騎兵萬人，加上步兵，編為五支軍隊，每軍朝一個方向進發。這樣五支軍隊向五路進發，敵人必然疑惑，不知往哪個方向增加兵力。敵人如果堅守陣地，穩定兵力，就應迅速派出使者去摸清它的意圖。如果它聽從我方勸說撤兵，我也撤兵離開。如果它不聽從我方勸說，而且殺我使者，燒我書信。那麼五軍就開始五路作戰，戰勝了不要追擊，打不勝就迅速撤回。像這樣假裝失敗，就要一軍慢慢地行走動作迅猛地出擊，其它四軍則一軍在前牽制敵人，一軍在後斷絕退路，兩軍隱蔽行動，從左右兩側襲擊敵人。五支軍隊一併到達，必然能夠取得勝利。這是打擊強敵的辦法。」

武侯問曰：「敵近而薄❶我，欲去無路，我眾甚懼，為之奈何？」

起對曰：「為此之術，若我眾彼寡，分而乘之；彼眾我寡，以方❷從之。從之無息❸，雖眾可服。」

【章旨】

此節論述敵我力量不平衡情況下所應採取的不同戰術戰法。

【注釋】

❶薄　靠近；逼迫。

❷方　併。這裏引申為集合、靠攏。

❸息　停止。

【語譯】

魏武侯問道：「敵人靠近而緊逼我，我想擺脫而沒有路，部隊非常恐懼，該怎樣辦呢？」

吳起回答說：「對付這種情況的辦法是，如果我眾敵寡，就分兵幾路攻擊它；如果敵眾我寡，就集中兵力攻擊敵人。不間斷地攻擊敵人，那麼敵人即使兵力眾多也可以被制服。」

武侯問曰：「若遇敵于谿谷❶之間，傍多險阻，彼眾我寡，為之奈何？」

起對曰：「諸丘陵林谷，深山大澤❷，疾行亟❸去，勿得從容❹。若高山深谷，卒然❺相遇，必先鼓譟❻而乘之，進弓與弩，且射且虜，審察其政，亂則擊之勿疑。」

【章旨】

此節論述在谿谷之間遇到兵力眾多的敵人時所應採取的作戰方法。

【注釋】

❶谿谷　兩山之間有小水道的谷地。

❷大澤　大的沼澤地。
❸亟　急；迅速。
❹從容　延緩；緩慢。
❺卒然　猝然；突然。
❻鼓譟　擂鼓和吶喊。古代軍隊出戰時所造的聲勢。

【語　譯】

魏武侯問道：「如果與敵軍相遇在大山間的谿谷地，兩旁地勢險峻，而且敵眾我寡，該怎麼辦呢？」

吳起回答說：「遇到各丘陵、森林、谷地、深山、大澤等，必須迅速離開，不得拖延遲緩。如果在高山深谷間突然與敵人相遇，一定要先擊鼓吶喊進攻它，指揮弓、弩手在前進擊，一邊射擊一邊俘虜敵人。觀察敵軍指揮陣勢，如果敵軍混亂，就立刻攻擊，不要遲疑。」

武侯問曰：「左右高山，地甚狹迫，卒❶遇敵人，擊之不敢，去之不得，為之奈何？」

起對曰：「此謂谷戰，雖眾不用。募吾材士❷，與敵相當，輕足利兵，以為前行。分車列騎，隱于四旁，相去數里，無見❸其兵。敵必堅陳，進退不敢。于是出旌列旆❹，行出山外營❺之，敵人必懼，車騎挑之，勿令得休。此谷戰之法也。」

【章旨】

此節論述谷戰之法。在兩山之間的極狹窄地帶作戰，兵力再多也用不上。必須選派精銳士卒與敵周旋，用巧妙的陣法迷惑敵人，最終取得勝利。

【注釋】

❶卒　通「猝」。
❷材士　有才能的人。指精銳士卒。
❸見　通「現」。
❹旆　古代指揮軍隊用的一種大旗。
❺營　同「熒」。迷惑。《孫臏兵法・威王問》：「營而離之，我併卒而擊之。」

【語　譯】

魏武侯問道：「左右都是高山，地形十分狹窄，突然遇到敵人，不敢進攻，又無法撤離，該怎麼辦呢？」

吳起回答說：「這叫作谷戰，即使兵力眾多也用不上。應選拔精銳士卒，數量與敵方相當，派遣輕捷善走、使用鋒利兵器的士卒作為前鋒。把車兵騎兵分散隱蔽在四周，與前鋒相距數里，不要暴露兵力。這樣敵人必然堅守陣地，不敢進也不敢退。我方便突然亮出旗幟，整隊走出山外迷惑敵人，敵人必然懼怕，然後再用車騎向敵挑戰，不讓它得到休息。這就是谷戰的方法。」

武侯問曰：「吾與敵相遇大水之澤，傾輪沒轅，水薄❶車騎，舟楫不設❷，進退不得，為之奈何？」

起對曰：「此謂水戰。無用車騎，且留其傍，登高四望，必得水情，知其廣狹，盡其淺深，乃可為奇以勝之。敵若絕水❸，半渡而薄之。」

【章　旨】

此節論述水戰之法，強調觀察水情，以奇制勝。

【注　釋】

❶薄　靠近；逼近。

❷不設　沒有準備。

❸絕　橫渡水。

【語　譯】

魏武侯問道：「我與敵軍在大沼澤地帶相遇，車輪傾陷，車轅淹沒，大水逼近車兵騎兵，沒有準備渡船，前進後退都困難，這該怎麼辦呢？」

吳起回答說：「這叫做水戰。車騎無法使用，暫且放在旁邊。登上高處四方眺望，一定要弄清水情，確知水域寬窄，了解水的深淺，這樣才可以用奇計戰勝敵人。敵人如果想渡水，就趁著它渡到一半時進攻它。」

武侯問曰：「天久連雨，馬陷車止，四面受敵，三軍驚駭，為之奈何？」

起對曰：「凡用車者，陰溼則停❶，陽燥則起❷。貴高賤下，馳其強車❸。若進若止，必從其道。敵人若起，必逐其跡❹。」

【章　旨】

此節論述車戰之法。吳起主張利用天時、地利，根據天氣陰晴和地勢高低決定是否使用車戰，以及用戰車作戰的方法。

【注　釋】

❶停　指駐紮不動。

❷起　指駕車出戰。下文「敵人若起」的「起」也是這個意思。

❸強車　堅固的戰車。

❹跡　指車轍馬跡。

【語　譯】

魏武侯問道：「陰雨連綿不斷，戰馬戰車陷入淤泥不能動，四面被敵人包圍，全軍驚恐不安，這該怎麼辦呢？」

吳起回答說：「凡是用車戰，遇到陰雨泥濘就按兵不動，天晴地面乾燥就出兵。要選擇高地而避開窪地，駕駛堅固的戰車。或者前進，或者停止，都必須順著道路。敵人如果駕車出戰，就可以沿著它的車轍行動。」

武侯問曰：「暴寇卒❶來，掠吾田野，取吾牛羊，則如之何？」

起對曰：「暴寇之來，必慮其強，善❷守勿應。彼將暮去，其裝必重，其心必恐，還退務速，必有不屬❸。追而擊之，其兵可覆。」

【章旨】

此節論述對付暴寇突襲掠奪的辦法。吳起主張，在強敵突然襲擊搶掠的情況下，要「善守勿應」，待敵之變，到天黑敵人撤退時，便由守轉攻，消滅敵人。

【注釋】

❶卒 通「猝」。

❷善 好好地。

❸屬 連接；接續。

【語譯】

魏武侯問道：「強暴的敵寇突然襲來，掠奪我方的莊稼，搶劫我方的牛羊，該怎麼辦呢？」

吳起回答說：「當強暴敵人襲來時，一定要考慮到它來勢凶猛，要好好堅守不與應戰。敵人將在天傍黑時撤走，它的裝載必然沉重，軍心一定恐懼，衹想盡快撤退，隊伍一定有連接不上的。這個時候要追上去襲擊它，敵軍就可覆滅。」

吳子曰：「凡攻敵圍城之道，城邑既破，各入其宮❶。御❷其祿秩❸，收其器物。軍之所至，無刊❹其木、發❺其屋、取其粟、殺其六畜、燔其積聚，示民無殘心。其有請降，許而安之。」

【章旨】

此節論述攻敵圍城之道。吳起強調嚴格戰場紀律，不得燒殺搶掠，要「示民無殘心」，寬待俘虜。

【注釋】

❶宮　指城邑中的官府。古時宮為房屋的通稱。

❷御　駕馭；控制。

❸祿秩　俸祿和爵位。這裏指稱官吏。

❹刊　砍；削。

❺發　打開、拆毀的意思。

【語　譯】

吳子說：「通常攻占敵方城邑的原則是，城邑攻破後，部隊分別進駐敵人的官府。控制敵人的官吏，沒收他們的財物。軍隊所到之處，不准砍伐樹木、拆毀房屋、搶奪糧食、宰殺牲畜、焚燒財物，要向民眾顯示沒有殘害之心。如有請求投降的，應允許並安撫他們。」

勵士第六

【題解】

勵士，就是鼓勵將士殺敵立功。吳起主張：軍隊要打勝仗，就應當論功行賞，崇禮有功，以勉勵全體將士，從而達到「發號佈令而人樂聞，興師動眾而人樂戰，交兵接刃而人樂死」。魏武侯採納了吳起這一辦法，因而取得了以五萬人「而破秦五十萬眾」的勝利。

武侯問曰：「嚴刑明賞，足以勝乎？」

起對曰：「嚴明之事，臣不能悉❶，雖❷然❸，非所恃❹也。夫❺

發號佈令而人樂聞，興師動眾而人樂戰，交兵❻接刃而人樂死。此三者，人主之所恃也。」

【章旨】

要打勝仗，單靠賞罰嚴明還是不夠的，祇有全體將士甘心樂意去戰鬥，去獻身，才是君主可以依靠的。

【注釋】

❶悉　知道。這裏是說明白的意思。

❷雖　雖然。

❸然　如此；這樣。

❹恃　依靠；憑藉。

❺夫　發語詞，無義。

❻兵　武器。

【語譯】

魏武侯問道：「賞罰嚴明就能夠打勝仗了嗎？」

吳起回答說：「賞罰嚴明的事，我不能夠詳盡說明。雖然這樣做了，但也不能完全依靠它去打勝仗。發布號令而將士樂意聽從，出兵打仗而將士樂意參戰，兩軍交戰而將士樂意拼死。這三點，才是君主可以依靠的。」

武侯曰：「致之奈何？」對曰：「君舉有功而進饗❶之，無功而勵之。」於是武侯設坐廟廷❷，為三行❸饗士大夫❹。上功坐前行，餚❺席兼重器❻、上牢❼。次功坐中行，餚席器差減❽。無功坐後行，餚席無重器。饗畢而出，又頒賜❾有功者父母妻子於廟門外，亦以功為差⑩。有死事⑪之家，歲使使⑫者勞賜其父母，著⑬不忘於心。行之三年，秦人興師，臨於西河，魏士聞之，不待吏令，介胄⑭而奮擊之者以萬數。

【章旨】

盛宴款待有功將士，對無功者進行勉勵，賞賜有功者的家屬，撫卹慰問為國戰死者的親人，這樣就能激勵將士奮勇殺敵。

【注釋】

❶饗　宴請。用酒食款待人。

❷廟廷　祖廟的大廷，為古代帝王祭祀、議事之處。

❸三行　這裏指坐席分為三個等次。

❹士大夫　指有爵位的將佐。
❺餚　葷菜。
❻重器　國家的寶器。這裏指宴席上用的貴重器具。
❼上牢　即「太牢」。指古代祭祀或宴會上牛、羊、豬三牲俱備，是隆重的禮節。
❽差減　按等級高低而相應減少。
❾頒賜　頒發賞賜。
❿差　等級；差別。
⓫死事　指為國戰死之事。
⓬使使　前一個「使」指派遣，後一個「使」指使者。
⓭著　表明。
⓮介胄　穿戴盔甲的意思。介，鎧甲。胄，頭盔。

【語　譯】

武侯問：「怎樣才能做到『三樂』呢？」吳起回答說：「您挑選有功人員，設宴款待他們，對無功者加以鼓勵。」於是魏武侯便設宴席於祖廟，分前、中、後三排席位款待士大夫。立上等功的坐前排，酒席上面使用珍貴餐具，豬、牛、羊三牲俱全。立二等功的坐中排，酒席上使用的餐具次一等。沒有戰功的坐後排，酒席上沒有貴重餐具。宴後出來，又在廟門外賞賜有功者的父母妻子，也按戰功大小而分等級。有陣亡將士的家庭，每年派使者去慰勞、賞賜他們的父母，表明沒有忘記他們。這個辦法實行了三年之後，秦國出兵，逼近西河，魏國的士卒聽到這個消息，不等上級下命令，自動穿戴盔甲奮起抗敵的就有上萬人。

武侯召吳起而謂曰：「子前日之教行矣。」起對曰：「臣聞人有短長，氣有盛衰。君試發無功者五萬人，臣請率以當❶之。脫❷其不勝，取笑於諸侯，失權於天下矣。今使一死賊❸伏於曠野，千人追之，莫不梟視❹狼顧❺。何者？恐其暴❻起而害己也。是以一人投命❼，足懼千夫。今臣以五萬之眾，而為一死賊，率以討之，固難敵矣。」

【章旨】

要取得戰鬥勝利，關鍵要士氣旺盛，「一人投命，足懼千夫」，產生強大的戰鬥力，這就是「勵士」之功。

【注釋】

❶當　抵擋；抵禦。
❷脫　假如；假設。
❸死賊　拼死的兇犯；亡命之徒。
❹梟視　像梟覓食時那樣注視。梟，貓頭鷹。
❺狼顧　像狼行走時那樣不停回頭看。
❻暴　突然。

❼投命　不顧性命；不怕死。投，拋棄。

【語　譯】

武侯召見吳起，對他說：「您以前教我的辦法，現在有成效了。」吳起回答說：「我聽說人有短有長，士氣也有盛有衰。您可試派五萬沒有立過戰功的人，我請求率領他們去抵禦秦軍。假如不勝，就會被諸侯取笑，權勢也就失去了。（但這是不可能的，我有充分的把握）譬如現在有一個兇狠的亡命之徒隱伏在曠野裏，上千人追捕他，沒有一個人不瞻前顧後的。這是為什麼呢？是害怕他突然跳起來傷害自己。所以一人拼命，能使千人懼怕。現在我要使這五萬人全都像那個拼死的兇犯一樣，率領他們去討伐敵人，就必然使敵人難以抵擋了。」

於是武侯從之，兼車五百乘，騎三千匹，而破秦五十萬眾，此勵士之功也。先戰一日，吳起令三軍曰：「諸吏士當從受敵❶車、騎與徒。若車不得車，騎不得騎，徒❷不得徒，雖破軍皆無功。」故戰之日，其令不煩❸，而威震天下。

【章旨】

激勵無功者，提高士氣，吳起親自率領五萬無功將士，打敗了秦軍五十萬之眾，這是「勵士」的成功範例。

【注釋】

❶受敵　迎擊敵人。

❷徒　步兵。

❸煩　多。

【語譯】

於是武侯採納了吳起的意見，並加派五百輛戰車，三千匹戰馬，打敗了秦軍五十萬人。這就是激勵士氣的功效。在作戰的前一天，吳起命令三軍說：「各位將士必須跟隨我去迎擊敵人的戰車、騎兵和步兵。如果乘戰車的不能繳獲敵人的戰車，騎兵不能俘獲敵人的騎兵，步兵不能俘虜敵人的步兵，即使打敗敵人，也都不算有功。」所以作戰那天，吳起發佈的命令不多，卻能威名震撼天下。

附錄

吳起與《吳子》相關資料輯要

一、《史記・孫子吳起列傳》

吳起者，衛人也，好用兵。嘗學於曾子，事魯君。齊人攻魯，魯欲將吳起，吳起取齊女為妻，而魯疑之。吳起於是欲就名，遂殺其妻，以明不與齊也。魯卒以為將。將而攻齊，大破之。

魯人或惡吳起曰：「起之為人，猜忍人也。其少時，家累千金，游仕不遂，遂破其家。鄉黨笑之，吳起殺其謗己者三十餘人，而東出衛郭門。與其母訣，齧臂而盟曰：『起不為卿相，不復入衛。』遂事曾子。居頃之，其母死，起終不歸。曾子薄之，而與起絕。起乃之魯，學兵法以事魯君。魯君疑之，起殺妻以求將。夫魯小國，而有戰勝之名，則諸侯圖魯矣。且魯衛兄弟之國也，而君用起，則是棄衛。」魯君疑之，謝吳起。

吳起於是聞魏文侯賢，欲事之。文侯問李克曰：「吳起何如人哉？」李克曰：「起貪而好色，然用兵司馬穰苴不能過也。」於是魏文侯以為將，擊秦，拔五城。

起之為將，與士卒最下者同衣食。臥不設席，行不騎乘，親裹贏糧，與士卒分勞苦。卒有病疽者，起為吮之。卒母聞而哭之。人曰：「子卒也，而將軍自吮其疽，何哭為？」母曰：「非然也。往年吳公吮其父，其父戰不旋踵，遂死於敵。吳公今又吮其子，妾不知其死所矣。是以哭之。」文侯以吳起善用兵，廉平，盡能得士心，乃以為西河守，以拒秦、韓。

魏文侯既卒，起事其子武侯。武侯浮西河而下，中流，顧而謂吳起曰：「美哉乎山河之固，此魏國之寶也！」起對曰：「在德不在險。昔三苗氏左洞庭，右彭蠡，德義不修，禹滅之。夏桀之居，左河濟，右泰華，伊闕在其南，羊腸在其北，修政不仁，湯放之。殷紂之國，左孟門，右太行，常山在其北，大河經其南，修政不德，武王殺之。由此觀之，在德不在險。若君不修德，舟中之人盡為敵國也。」武侯曰：「善。」

(即封)吳起為西河守，甚有聲名。魏置相，相田文。吳起不悅，謂田文曰：「請與子論功，可乎？」田文曰：「可。」起曰：「將三軍，使士卒樂死，敵國不敢謀，子孰與起？」文曰：「不如子。」起曰：「治百官，親萬民，實府庫，子孰與起？」文曰：「不如子。」起曰：「守西河而秦兵不敢東鄉，韓趙賓從，子孰與起？」文曰：「不如子。」起曰：「此三者，子皆出吾下，而位加吾上，何也？」文曰：「主少國疑，大臣未附，百姓不信，方是之時，屬之於子乎？屬之於我乎？」起默然良久，曰：「屬之子矣。」文曰：「此乃吾所以居子之上也。」吳起乃自知弗如田文。

田文既死，公叔為相，尚魏公主，而害吳起。公叔之僕曰：「起易去也。」公叔曰：「奈何？」其僕曰：「吳起為人節廉而自喜名也。君因先與武侯言曰：『夫吳起賢人也，而侯之國小，又與彊秦壤界，臣竊恐起之無留心也。』武侯即曰：『奈何？』君因謂武侯曰：『試延以公主，起有留心則必受之，無留心則必辭矣。以此卜之。』君因召吳起而與歸，即令公主怒而輕君。吳起見公主之賤君也，則必辭。」於是吳起見公主之賤魏相，果辭魏武侯。武侯疑之而弗信也。吳起懼得罪，遂去，即之楚。

楚悼王素聞起賢，至則相楚。明法審令，捐不急之官，廢公族疏遠者，以撫養戰鬭之士。要在彊兵，破馳說之言從橫者。於是南平百越；北并陳蔡，卻三晉；西伐秦。諸侯患楚之彊。故楚之貴戚盡欲害吳起。及悼王死，宗室大臣作亂而攻吳起，吳起走之王尸而伏之。擊起之徒因射刺吳起，并中悼王。悼王既葬，太子立，乃使令尹盡誅射吳起而并中王尸者。坐射起而夷宗死者七十餘家。

太史公曰：世俗所稱師旅，皆道《孫子》十三篇，《吳起兵法》，世多有，故弗論，論其行事所施設者。語曰：「能行之者未必能言，能言之者未必能行。」孫子籌策龐涓明矣，然不能蚤救患於被刑。吳起說武侯以形勢不如德，然行之於楚，以刻暴少恩亡其軀。悲夫！

二、《戰國策·魏策一》

魏武侯與諸大夫浮于西河，稱曰：「河山之險，豈不亦信固哉！」王鍾侍王，曰：「此晉國之所強也。若善脩之，則霸王之並具矣。」吳起對曰：「吾君之言，危國之道也；而子又附之，是重危也。」武侯忿然曰：「子之言有說乎？」

吳起對曰：「河山之險，信不足保也；是伯王之業，不從此也。昔者，三苗之居，左彭蠡之波，右有洞庭之水，文山在其南，而衡山在其北。恃此險也，為政不善，而禹放逐之。夫夏桀之國，左天門之陰，而右天谿之陽，廬、睪在其北，伊、洛出其南。有此險也，然為政不善，而湯伐之。殷紂之國，左孟門而右漳、釜，前帶河，後被山。有此險也，然為政不善，而武王伐之。且君親從臣而勝降城，城非不高也，人民非不眾也，然而可得并者，政惡故也。從是觀之，地形險阻，奚足以霸王矣！」

武侯曰：「善。吾乃今日聞聖人之言也！西河之政，專委之子矣。」

三、《戰國策・魏策一》

魏公叔痤為魏將，而與韓、趙戰澮北，禽樂祚。魏王說，迎郊，以賞田百萬祿之。公叔痤反走，再拜辭曰：「夫使士卒不崩，直而不倚，撓揀而不辟者，此吳起餘教也，臣不能為也。……」王曰：「善。」于是索吳起之後，賜之田二十萬。

四、《戰國策・秦策三》

吳起事悼王，使私不害公，讒不蔽忠，言不取苟合，行不取苟容，行義不固毀譽，必有伯主強國，不辭禍凶。

五、《戰國策・秦策三》

吳起為楚悼罷無能，廢無用，捐不急之官，塞私門之請，壹楚國之俗，南攻楊越，北并陳、蔡，破橫散從，使馳說之士無所開其口。功已成矣，卒支解。

六、《戰國策・齊策六》

食人炊骨，士無反北之心，是孫臏、吳起之兵也。能以見于天下矣！

七、《荀子・堯問》

魏武侯謀事而當，群臣莫能逮，退朝而有喜色。吳起進曰：「亦嘗有以楚莊王之語，聞于左右者乎？」武侯曰：「楚莊王之語何如？」吳起對曰：「楚王謀事而當，群臣莫逮，退朝而有憂色。申公巫臣進問曰：『王朝而有憂色何也？』莊王曰：『不穀謀事而當，群臣莫能逮，是以憂也。其在中蘬（仲虺）之言也，曰：諸侯自為得師者王，得友者霸，得疑者存，自為謀而莫己若者亡。今以不穀之不肖，而群臣莫吾逮，吾國幾于亡乎？是以憂也。』楚莊以憂而君以喜。」武侯逡巡再拜曰：「天使夫子振寡人之過也。」

八、《韓非子・和氏第十三》

昔者吳起教楚悼王以楚國之俗曰：「大臣太重，封君太眾，若此則上逼主而下虐民，此貧國弱兵之道也。不如使封君之子孫三世而收爵祿，絕滅百吏之祿秩，損不急之枝官，以奉選練之士。」悼王行之期年而薨矣，吳起枝解于楚。商君教秦孝公以連什伍，設告坐之過，燔詩書而明法令，塞私門之請而遂公家之勞，禁游宦之民而顯耕戰之士。孝公行之，主以尊安，國以富強，八年而薨，商君車裂于秦。楚不用吳起而削亂，秦行商君而富強，二子之言也已當矣，然而枝解吳起而車裂商君者何也？大臣苦法而細民惡治也。

九、《韓非子・內儲說上》

吳起為魏武侯西河之守，秦有小亭臨境，吳起欲攻之。不去，則甚害田者；去之，則不足以征兵甲。于是乃倚一車轅于北門之外而令之曰：「有能徙此南門之外者賜之上田上宅。」人莫之徙也，及有徙者，還，賜之如令。俄又置一石赤菽東門之外而令之曰：「有能徙此于西門之外者賜之如初。」人爭徙之。乃下令曰：「明日且攻亭，有能先登者，仕之國大夫，賜之上田宅。」人爭趨之，于是攻亭一朝而拔之。

一〇、《韓非子・外儲說左上》

吳起為魏將而攻中山，軍人有病疽者，吳起跪而自吮其膿，傷者之母立泣，人問曰：「將軍于若子如是，尚何為而泣？」對曰：「吳起吮其父之創而父死，今是子又將死也，今吾是以泣。」

一一、《韓非子・外儲說左上》

吳起出，遇故人而止之食，故人曰：「諾，今返而御。」吳子曰：「待公而食。」故人至暮不來，起不食待之，明日早，令人求故人，故人來方與之食。

一二、《韓非子・外儲說右上》

吳起，衛左氏中人也。使其妻織組而幅狹于度，吳子使更之，其妻曰：「諾。」及成，復度之，果不中度，吳子大怒。其妻對曰：「吾始經之而不可更也。」吳子出之，其妻請其兄而索入，其兄曰：「吳子，為法者也。其為法也，且欲以萬乘致功，必先踐之妻妾然後行之，子毋幾索入矣。」其妻之弟又重于衛君，乃因以衛君之重請吳子，吳子不聽，遂去衛而入荊也。

一曰。吳起示其妻以組曰：「子為我織組，令之如是。」組已就而效之，其組異善。起曰：「使子為組，令之如是，而今也異善何也？」其妻曰：「用財若一也，加務善之。」吳起曰：「非語也。」使之衣歸。其父往請之，吳起曰：「起家無虛言。」

一三、《韓非子・五蠹》

今境內之民皆言治，藏商、管之法者家有之，而國愈貧，言耕者眾，執耒者寡也；境內皆言兵，藏孫、吳之書者家有之，而兵愈弱，言戰者多，被甲者少也。

一四、《尉繚子・制談第三》

有提七萬之眾，而天下莫當者誰？曰：吳起也。

一五、《尉繚子・武議第八》

吳起臨戰，左右進劍。起曰：「將專主旗鼓爾，臨難決疑，揮兵指刃，此將事也。一劍之任，非將事也。」

一六、《尉繚子・武議第八》

吳起與秦戰，未合，一夫不勝其勇，前雙首而還，吳起立斬之。軍吏諫曰：「此材士也，不可斬。」起曰：「材士則是矣，非吾令也，斬之。」

一七、《史記・范雎蔡澤列傳》

吳起之事悼王也，使私不得害公，讒不得蔽忠，言不取苟合，行不取苟容，不為危易行，行義不辟難，然為霸主強國，不辭禍凶。

吳起為楚悼王立法，卑減大臣之威重，罷無能，廢無用，損不急之官，塞私門之請，一楚國之俗，禁游客之民，精耕戰之士，南收楊越，北并陳、蔡，破橫散從，使馳說之士無所開其口，禁朋黨以勵百姓，定楚國之政，兵震天下，威服諸侯。功已成矣，而卒枝解。

一八、《呂氏春秋・仲冬紀・長見》

吳起治西河之外，王錯譖之于魏武侯。武侯使人召之。吳起至于岸門，止車而望西河，泣數行而下。其僕謂吳起曰：「竊觀公之意，視釋天下如釋躧。今去西河而泣，何也？」吳起抿泣而應之曰：「子不識。君知我，而使我畢能西河，可以王。今君聽讒人之議，而不知我，西河之為秦取不久矣，魏從此削矣！」吳起果去魏入楚。有間，西河畢入秦，秦日益大。此吳起之所先見而泣也。

一九、《呂氏春秋・審分覽・執一》

吳起謂商文曰：「事君果有命矣夫。」商文曰：「何謂也？」吳起曰：「治四境之內，成訓教，變習俗，使君臣有義，父子有序，子與我孰賢？」商文曰：「吾不若子。」曰：「今日置質為臣，其主安重，今日釋璽辭官，其主安輕，子與我孰賢？」商文曰：「吾不若子。」曰：「士馬成列，馬與人敵，人在馬前，援桴一鼓，使三軍之士樂死若生，子與我孰賢？」商文曰：「吾不若子。」吳起曰：「三者子言不吾若也，位則在吾上，命也夫事君！」商文曰：「善。子問我，我亦問子。世變主少，群臣相疑，黔首不定，屬之子乎？屬之我乎？」吳起默然不對。少選，曰：「與子。」商文曰：「是吾所以加于子之上已。」吳起見其所以長，而不見其所以短；知其所以賢，而不知其所以不肖；故勝于西河，而困于王錯。

二〇、《呂氏春秋・開春論・貴卒》

吳起謂荊王曰：「荊所有餘者地也，所不足者民也。今君王以所不足益所有餘，臣不得而為也。」于是令貴人往實廣虛之地，皆甚苦之。荊王死，貴人皆來。尸在堂上，貴人相與射吳起。吳起號呼曰：「吾示子吾用兵也！」拔矢而走，伏尸，插矢，而疾言曰：「群臣亂王，吳起死矣。」且荊國之法，麗兵于王尸者，盡加重罪，逮三族。吳起之智，可謂捷矣。

二一、《呂氏春秋・似順論・慎小》

吳起治西河，欲諭其信于民，夜日置表于南門之外，令于邑中曰：「明日有人能僨南門之外表者，仕長大夫。」明日日晏矣，莫有僨表者。民相謂曰：「此必不信。」有一人曰：「試往僨表，不得賞而已，何傷？」往僨表，來謁吳起。吳起自見而出，仕之長大夫。夜日又復立表，又令于邑中如前。邑人守門爭表，表加植，不得所賞。自是之後，民信吳起之賞罰。

二二、《淮南子・繆稱訓》

聖人見其所生，則知其所歸矣。水濁者魚噞，令苛者民亂。城峭者必崩，岸崝者必陀。故商鞅立法而支解，吳起刻削而車裂。

二三、《淮南子・道應訓》

吳起為楚令尹，適魏，問屈宜若曰：「王不知起之不肖，而以為令尹。」先生試觀起之為人也。屈子曰：「將奈何？」吳起曰：「將衰楚國之爵，而平其制祿；損其有餘，而綏其不足；砥礪甲兵，時爭利于天下。」屈子曰：「宜若聞之，昔善治國家者，不變其故，不易其常。今子將衰楚國之爵，而平其制祿，損其有餘，而綏其不足。是變其故，易其常也。」行之者不利。宜若聞之曰：「怒者，逆德也；兵者，凶器也；爭者，人之所本也。今子陰謀逆德，好用凶器，始人之所本，逆之至也。且子用魯兵，不宜得志于齊，而得志焉。子用魏兵，不宜得志于秦，而得志焉。宜若聞之，非禍人不能成禍，吾固惑吾王之數逆天道、戾人理；至今無禍，差須夫子也。」吳起惕然曰：「尚可更乎？」屈子曰：「成形之徒，不可更也。子不若敦愛而篤行之。」

二四、《淮南子・氾論訓》

今夫盲者行于道，人謂之左則左，謂之右則右；遇君子則易道，遇小人則陷溝壑。何則？目無以接物也。故魏兩用樓翟吳起而亡西河。

二五、《淮南子・泰族訓》

商鞅為秦立相坐之法而百姓怨矣，吳起為楚減爵祿之令而功臣畔矣。商鞅之立法也，吳起之用兵也，天下之善者也。然商鞅之法亡秦，察于刀筆之跡，而不知治亂之本也。吳起以兵弱楚，習于行陳之事，而不知廟戰之權也。

二六、《說苑・建本》

魏武侯問元年于吳子。吳子對曰：「言國君必慎始也。」「慎始奈何？」曰：「正之。」「正之奈何？」曰：「明智。智不明何以見正？多聞而擇焉，所以明智也。是故古者君始聽治，大夫而一言，士而一見，庶人有謁必達，公族請問必語，四方至者勿距，可謂壅蔽矣。分祿必及，用刑必中，君心必仁。思民之利，除民之害，可謂不失民眾矣。君身必正，近臣必選，大夫不兼官，執民柄者，不在一族，可謂不（擅）權勢矣。此皆《春秋》之意，而元年之本也。」

二七、《說苑·復恩》

吳起為魏將，攻中山。軍人有病疽者，吳子自吮其膿，其母泣之。

旁人曰：「將軍于而子如是，尚何為泣？」對曰：「吳子吮此子父創，而殺之于注水之戰，戰不旋踵而死。今又吮之，安知是子何戰而死，是以哭之矣。」

二八、《說苑・指武》

吳起為苑守，行縣，適息。問屈宜臼曰：「王不知起不肖，以為苑守，先生將何以教之？」屈公不對。居一年，王以為令尹，行縣，適息。問屈宜臼曰：「起問先生，先生不教，今王不知起不肖，以為令尹，先生試觀起為之也。」屈公曰：「子將奈何？」吳起曰：「將均楚國之爵而平其祿，損其有餘而繼其不足，歷甲兵以時爭于天下。」

屈公曰：「吾聞昔善治國家者，不變故，不易常。今子將均楚國之爵而平其祿，損其有餘而繼其不足，是變其故而易其常也。且吾聞：兵者，凶器也；爭者，逆德也。今子陰謀逆德，好用凶器，殆人所棄，逆之至也。淫泆之事也，行者不利。且子用魯兵，不宜得志于齊而得志焉。子用魏兵，不宜得志于秦而得志焉。吾聞之曰，非禍人不能成禍，吾固怪吾王之數逆天道，至今無禍，嘻，且待夫子也。」吳起惕然曰：「尚可更乎？」屈公曰：「不可。」吳起曰：「起之為人謀。」屈公曰：「成刑之徒，不可更已。子不如敦處而篤行之。」

二九、《太平御覽・兵部・據要》

吳子曰：「凡行師越境，必審地形，審知主客之向背。地形若不悉知，往必敗矣。故軍有所至，先五十里內山川形勢，使軍士伺其伏兵，將必自行視地之勢，因而圖之，知其險易也。」

三〇、《張心澂・偽書通考》

《吳子》一卷，偽，周魏吳起撰。

《漢書・藝文志・兵家》有《吳起》四十八篇。《隋書・經籍志・兵家》有《吳起兵法》一卷，賈詡注。《唐書・藝文志・兵家》同。《宋史・藝文志》有吳起《吳子》三卷，朱服校定《吳子》二卷。

姚際恒曰：「《漢志》四十八篇，今六篇，其論膚淺，自是偽托。

中有屠城之語，尤為可惡。或以其有禮義等字，遂以為正大，非武之比，誤矣。」

《四庫提要》曰：「司馬遷稱起兵法，世多有，而不言篇數。《漢藝志》載《吳起》四十八篇。然《隋志》作一卷，賈詡注，《唐志》並同。鄭樵《通志》略、又有孫鎬注一卷，均無所謂四十八篇者。蓋亦如《孫武》之八十二篇，出於附益，非其本書，世不傳也。晁公武《讀書志》則作三卷，稱唐陸希聲類次為之，凡〈說國〉、〈料敵〉、〈治兵〉、〈論將〉、〈變化〉、〈勵士〉六篇。今行本雖然并為一卷，然篇目并與《讀書志》合，惟〈變化〉作〈應變〉，則未知孰誤耳！」

姚鼐曰：「魏晉以後，乃以笳笛為軍樂，彼吳起安得云『夜以金鼓笳笛為節』乎？蘇明允言『起功過于孫武，而著書頗草略不逮武』，不悟其書偽也。」

三一、錢穆《先秦諸子繫年・吳起仕魯考》

《史記・吳起列傳》：「起，衛人也。好用兵，嘗學於曾子，事魯君。齊人攻魯，欲將吳起。起取齊女為妻，魯疑之。起欲就名，遂殺妻以明不與齊。魯卒以為將，攻齊大破之。魯人或惡吳起。曰：起猜忍人也，少時以游仕破家，殺其鄉黨謗己者三十餘人，與母齧臂而盟，曰：不為卿相，不復入衛。遂事曾子。母死，起終不歸。曾子薄之而與起絕。起又殺妻以求將。夫魯小國，而有戰勝之名，則諸侯圖魯矣。魯君疑之。謝吳起。起聞魏文侯賢，遂去之魏。」今考〈年表〉：

「齊宣公四十四年，伐魯莒及安陽，〈田齊世家〉作葛及安陵。志疑云：「安陵、安陽皆非魯地，疑有誤。而葛乃莒字之誤。」四十五年，洪頤煊《讀書叢錄》云：「〈項羽本紀〉行至安陽，索隱《後魏書・地形志》己氏有安陽城，今宋州楚丘西北四十里有安陽故城是也，其地與魯莒相近。」伐魯取都。」〈世家〉云「取一城。」齊宣公四十四年，當魯繆公之四年。史表誤為魯元十七年：詳〈考辨〉第四十七。其後三年，為周威烈王十七年。吳起為魏將伐秦，詳〈考辨〉第五十三。則起之將魯破齊，正在魯繆四年也。其去魯，至晚在魯繆五年、六年間。魯繆雖禮賢，而尊信儒術。觀或人讒起之言，皆本儒道立說，宜乎魯繆之疑起矣。起至魏，「魏文侯問李克，吳起何如人也？克曰：起貪而好色，然用兵，司馬穰苴不過。」穰苴在吳起後，此史公文飾之詞耳。《史記・穰苴傳》及《晏子春秋》、劉向《說苑》皆以穰苴為景公時，誤也。詳〈考辨〉第八十五。於是文侯以為將。則文侯雖亦尊儒，然其用人行政，固與魯繆不同。起仕魯年當近三十，下至楚悼王卒歲，起與俱死，相距三十一年，則起壽亦且六十矣。韓非〈說林上〉：「魯季孫新弒其君，吳起仕焉，或人說之，吳起乃去之晉。」考諸魯世家，魯君無被弒者。此當指魯哀公，詳〈考辨〉第三十五。然下距楚悼卒，凡八十七年，吳起決不若是之壽，亦復與魏文年世不相及。蓋韓子誤記，不足信。汪中〈經義知新記〉云：「韓非〈喻老篇〉：魯季孫新弒其君，吳起仕。其時蓋當悼公之世。悼之為諡，其以此歟？」今按：悼之為諡，蓋因前君被弒，已詳〈考辨〉第三十五。汪說誤也。且覈其年代時事亦不合。悼公卒，在周考王四年。（史表誤後八年，詳〈考辨〉第四十七。）下距楚悼之死五十六年。循此推算，起之仕楚，已及八十，而觀其治績，精練強悍，殊為不類。又韓非書謂吳起即去魯之晉，而悼公卒，當魏文侯十年。（史表尚在魏文前七年。）與余考吳起為魏伐秦滅中山事皆不符。又其時齊魯交兵事亦無徵。〈檀弓〉「悼公之喪，季昭子問孟敬子為君何食，」觀二子之言，亦見悼公非被弒之君。汪氏說不足據。或韓非書本謂季孫自弒費君，非魯君，則益無考。

三二、錢穆《先秦諸子繫年・吳起為魏將拔秦五城考》

《史記・吳起列傳》：「起去魯之魏，魏文侯以為將，擊秦，拔五城。」繼敘為卒吮疽事。考《韓非・外儲左上》：「吳起攻中山，軍人有病疽者，起自吮其膿。」《說苑・復恩篇》云：「吳起攻中山，為卒吮膿，其母泣曰：吳子吮此父之創涇水之戰，（涇字或誤作注。）不旋踵而死。今又吮之，知何戰而死？」《藝文類聚・御覽》引《韓子》，亦云涇水。按諸《史記・魏世家》，「魏文侯十六年，伐秦，築臨晉元里。十七年，西攻秦，至鄭而還，築雒陰合陽。」《水經・河水注》：「河水又經郃陽城東，周威烈之十七年，魏文侯伐秦至鄭，還築汾陰郃陽，（汾陰乃洛陰字譌。）即此城也。故有莘邑矣，為大姒之國。《詩》云：在郃之陽，在渭之涘。又云：纘女維莘。謂此也。」郝懿行、陳逢衡均謂：「《水經》此條不云出《紀年》，想係脫誤。」今本偽紀年有之，據此則事在周威烈王十七年，而史誤以為魏文之十七年也，（實當魏文三十八年。陳氏《集證》謂在三十二年者誤。又年表在威烈十八年，誤後一年。是年當秦簡公六年。〈秦本紀〉孝公謂：「往者厲躁簡公出子之不寧，三晉攻奪吾河西地，」是矣。其時正當吳起去魯後。《志疑》：「洛陰郃陽，其地皆在同州。」《正義》：「雒漆沮水也，城在水南。郃陽郃水之北。《括地志》云：郃陽故城在同州河西縣南三里，雒陰在同州西也。」又按〈地里志〉：「京兆鄭縣，鄭桓公邑，魏文侯伐秦至鄭而還，即此。」推其地理，亦與涇水相當。《說苑》所謂涇水之戰，〈起傳〉所謂拔秦五城者，殆即其事。陳氏《集證》亦謂「吳起為將擊秦拔五城，即此時。」惟未有證說。又《水經・汝水注》：引司馬彪曰：河南梁縣有注城，《史記》魏文侯三十二年敗秦於注者也。今按秦簡公時，秦地不能至河南梁霍之間，參證上列諸條，知酈氏之誤。又〈魏世家〉記魏伐中山在魏文十七年伐秦至鄭之前。余考魏伐中山，當在周威烈王十八年。且《國策》諸書，皆言樂羊圍中山三年而拔，則中山之滅，猶在後。蓋樂羊主其事，而吳起將兵助攻。據《說苑》

所云，固當在涇水一戰之後也。

三三、錢穆：《先秦諸子繫年・吳起去魏相楚考》

《史記・吳起列傳》：「田文既死，公叔為相，害吳起，起懼得罪，遂去之楚。」今按：〈魏策〉「公叔痤為魏將，與韓趙戰澮北，禽樂祚。魏王賞田百萬，痤以讓吳起之後。」其事〈年表〉在惠王九年，吳起已死十九年矣。其年公叔亦卒。明年，商鞅遂入秦。觀公叔之待商鞅，不似害賢者。《呂氏・觀表》〈執一〉諸篇，言讒起者乃王錯。考《魏策》：「魏武侯與諸大夫浮西河，王鍾侍。」姚云：「鍾一作錯，」即此王錯。魏武自矜河山之險，而錯附之，為吳起所折。魏武盛獎起，王錯之忌起，當肇於此。《魏世家》〈集解〉徐廣引〈紀年〉：「惠王二年，大夫王錯出奔韓，」

即此人。史記吳起奔楚之由，蓋誤。又起為魏武侯伐齊至靈邱，在武侯九年，〈考辨〉第六十。則去魏當在十年以後。據《說苑・指武篇》起至楚先為宛守，《說苑》云：起為宛守，行縣適息，問屈宜臼，屈公不對云云。今按《說苑・權謀篇》有屈宜咎論韓昭侯不獲出高門。《史記・六國表》〈韓世家〉皆作屈宜臼，臼咎古字通。然考韓昭侯築高門在昭侯二十九年，距此當五十年，疑不能為一人。《淮南・道應訓》作吳起為楚令尹，適魏問屈宜若。若亦咎之誤文也。恐屈宜臼之告吳起，特後人模效趙良之告商君而造為之，屈子固不與吳起同時也。居一年，乃為令尹。不識其前又曾為他職否。其為令尹。《史記》載其政績云：「起相楚，明法審令，捐不急之官，廢公族疏遠者，以撫養戰鬬之士。要在強兵，破馳說之言縱橫者。於是南平百越，北并陳蔡，卻三晉，西伐秦，諸侯患楚之強。故楚之貴戚盡欲害吳起。」今按：陳滅在惠王十一年，蔡滅在四十二年，何待悼王？〈楚世家〉於悼王十一年後，即書二十一年悼王卒，更不記平越卻晉伐秦之事。檢諸〈越世家〉楚破越在威王世，亦與悼王無涉。則卻三晉而伐秦者，其語殆同為無稽也。且其時亦尚無縱橫之言，史蓋誤襲〈秦策〉蔡澤語耳。或史本作「起相楚，明法審令，捐不急之官，廢公族疏遠者，以撫養戰鬬之士，故楚之貴戚盡欲害吳起，」前後文氣本相承接，中間用兵一段，係後人據〈秦策〉妄增也。《淮南・道應訓》記吳起之語曰：「起將衰楚國之爵，而平其制，損其有餘，而綏其不足。砥厲甲兵，時爭利於天下。」《說苑・指武篇》同。可與史文互證。知蔡澤之語，乃策士潤飾，欲明功成身退之理，故盡以惠威二王前後戰績，一歸於起。此如記燕昭王得賢，乃云鄒衍自齊往，劇辛自趙往矣。《呂氏・貴卒篇》云：「吳起謂荊王曰：荊所有餘者地也，所不足者民也。今君王以所不足益所有餘，臣不得而為也。於是令貴人往實廣虛之地，皆甚苦之。」此又吳起治楚不主以兵力擴地之證也。其徙貴人墾荒，殆秉李克盡地力之教。《韓非・和氏篇》稱其教悼王曰：「楚國之俗，大臣太重，封君太眾，不如使封君之子孫，三世而收爵祿，絕滅百吏之祿秩，損不急之枝官，以奉選練之士，」此起之所以治楚而招貴戚大臣之忌者。《淮南・泰族訓》亦云：「吳起為楚張減爵之令，而功臣畔。」孔子以正名復禮繩切當時之貴族，既不得如意，後之言治者，乃不得不捨禮而折入於法。是亦事勢所驅，不獲已也。且禮之與法，其本皆出於糾正當時貴族之奢僭，李克吳起，親受業於子夏、曾西，法家淵源，斷可識矣。起治楚政績，略如此。《呂氏・義賞篇》：「郢人以兩版垣，吳起變之而見惡。」注云：「教之用四。」可見吳起為治注重民生之一斑。《韓非・和氏篇》云：「悼王行之期年而薨，吳起枝解」，大則起為令尹期僅一年，愈徵楚無擴地之事。推迹以求，起之在楚，蓋不出三四年也。枝解之說，又見《墨子・親士》，「吳起之裂其事也。」《韓非・問田》，「吳起支解，商君車裂。」《淮南・

繆稱》，「吳起刻削而車裂。」〈主術〉，「吳起、張儀，車裂支解。」張儀疑商鞅之誤。及《韓詩外傳·卷一》。吳起削刑而車裂，商鞅峻法而支解。本傳不書，蓋失之。

古籍今注新譯叢書書目

中國人的第一次——
絕無僅有的知識豐收、視覺享受
集兩岸學者智慧菁華
推陳出新　字字珠璣　案頭最佳讀物

哲學類

書名	注譯	校閱
新譯尹文子	徐忠良	黃俊郎
新譯淮南子	熊禮匯	侯迺慧
新譯潛夫論	彭丙成	陳滿銘

書名	注譯	校閱
新譯鄧析子	徐忠良	
新譯韓非子	賴炎元	
	傅武光	
新譯尸子讀本	水渭松	

書名	注譯	校閱
新譯四書讀本	謝冰瑩	
	邱燮友	
	李　鍌	
	劉正浩	
	賴炎元	
	陳滿銘	
新譯申鑒讀本	林家驪	周鳳五
	周明初	
新譯老子讀本	余培林	
新譯列子讀本	莊萬壽	
新譯孝經讀本	賴炎元	
	黃俊郎	
新譯易經讀本	郭建勳	黃俊郎
新譯荀子讀本	王忠林	
新譯莊子讀本	黃錦鋐	
新譯新書讀本	饒東原	黃沛榮

書名	注譯	校閱
新譯新語讀本	王　毅	黃俊郎
新譯管子讀本	湯孝純	李振興
新譯墨子讀本	李生龍	李振興
新譯論衡讀本	蔡鎮楚	周鳳五
新譯禮記讀本	姜義華	黃俊郎
新譯孔子家語	羊春秋	周鳳五
新譯公孫龍子	丁成泉	黃志民
新譯老子解義	吳　怡	
新譯呂氏春秋	朱永嘉	黃志民
	蕭　木	
新譯晏子春秋	陶梅生	
新譯明夷待訪錄	李廣柏	李振興

文學類

書名	注譯	校閱
新譯千家詩	邱燮友	
	劉正浩	
新譯搜神記	黃　鈞	陳滿銘
新譯薑齋集	平慧善	
新譯昭明文選	崔富章	劉正浩
	朱宏達	陳滿銘
	周啟成	沈秋雄
	張金泉	黃俊郎
	水渭松	黃志民
	伍方南	周鳳五
		高桂惠
新譯漢賦讀本	簡宗梧	
新譯楚辭讀本	傅錫壬	
新譯人間詞話	馬自毅	高桂惠
新譯文心雕龍	羅立乾	李振興

書名	注譯	校閱
新譯世說新語	邱燮友	
	劉正浩	
	陳滿銘	
	許錟輝	
	黃俊郎	
新譯古文觀止	謝冰瑩	
	邱燮友	
	林明波	
	左松超	
	應裕康	
	黃俊郎	
	傅武光	
新譯江文通集	羅立乾	
新譯阮步兵集	林家驪	
新譯春秋繁露	姜昆武	
新譯曹子建集	曹海東	
新譯陸士衡集	王雲路	

書名	注譯	校閱
新譯陶淵明集	溫洪隆	
新譯陶庵夢憶	李廣柏	
新譯揚子雲集	葉幼明	
新譯嵇中散集	崔富章	
新譯賈長沙集	林家驪	陳滿銘
新譯橫渠文存	張金泉	
新譯顧亭林集	劉九洲	
新譯元曲三百首	賴橋本、林玫儀	
新譯宋詞三百首	汪　中	
新譯唐詩三百首	邱燮友	
新譯諸葛丞相集	盧烈紅	
新譯駱賓王文集	黃清泉	
新譯昌黎先生文集	周啟成、周維德	
新譯范文正公文集	王興華、沈松勤	

【歷史類】

書名	注譯	校閱
新譯列女傳	黃清泉	陳滿銘
新譯越絕書	劉建國	
新譯燕丹子	曹海東	李振興
新譯戰國策	溫洪隆	陳滿銘
新譯尚書讀本	吳　璵	
新譯國語讀本	易中天	侯迺慧
新譯新序讀本	葉幼明	黃沛榮
新譯說苑讀本	左松超	
新譯說苑讀本	羅少卿	周鳳五
新譯西京雜記	曹海東	李振興
新譯吳越春秋	黃仁生	李振興
新譯東萊博議	李振興、簡宗梧	

軍事類

書名	注譯	校閱
新譯司馬法	王雲路	
新譯尉繚子	張金泉	
新譯三略讀本	傅　傑	
新譯六韜讀本	鄔錫非	
新譯吳子讀本	王雲路	
新譯孫子讀本	吳仁傑	
新譯李衛公問對	鄔錫非	

政事類

書名	注譯	校閱
新譯商君書	貝遠辰	陳滿銘
新譯鹽鐵論	盧烈紅	黃志民
新譯貞觀政要	許道勳	陳滿銘

地志類

書名	注譯	校閱
新譯洛陽伽藍記	劉九洲	侯迺慧

道教類

書名	注釋	校閱
新譯列仙傳	姜　生	
新譯抱朴子	李中華	黃志民
新譯老子想爾注	顧寶田	
新譯周易參同契	劉國樑	
新譯黃帝陰符經	劉連朋	
新譯道門功課經	王　卡	
新譯養性延命錄	曾召南	
新譯沖虛至德真經	張松輝	

【教育類】

書名	注釋	校閱
新譯三字經	黃沛榮	
新譯幼學瓊林	馬自毅	陳滿銘
新譯顏氏家訓	李振興	
	黃沛榮	
	賴明德	